U0379590

# 锦上姑苏

漂泊在光阴中的丝绸印记

宋执群/著

中国丝绸文化与应用数字出版交互平台 策划

苏州大学出版社

**图书在版编目(CIP)数据**

锦上姑苏:漂泊在光阴中的丝绸印记/宋执群著
.—苏州:苏州大学出版社,2014.1
中国丝绸文化与应用数字出版社交互平台策划
ISBN 978-7-5672-0741-7

Ⅰ.①锦… Ⅱ.①宋… Ⅲ.①丝绸－文化－研究－苏
州市 Ⅳ.①TS14－092

中国版本图书馆 CIP 数据核字(2013)第 306321 号

书　　名:锦上姑苏:漂泊在光阴中的丝绸印记
著　　者:宋执群
策　　划:刘　海
责任编辑:刘　海
装帧设计:吴　钰
出版发行:苏州大学出版社(Soochow University Press)
出 版 人:张建初
社　　址:苏州市十梓街 1 号　邮编:215006
印　　刷:苏州工业园区美柯乐制版印务有限责任公司
网　　址:www.sudapress.com
E - mail:Liuwang@suda.edu.cn　QQ:64826224
邮购热线:0512-67480030
销售热线:0512-65225020
开　　本:700 mm×1 000 mm　1/16　印张:18　字数:323 千
版　　次:2014 年 1 月第 1 版
印　　次:2014 年 1 月第 1 次印刷
书　　号:ISBN 978-7-5672-0741-7
定　　价:158.00 元

凡购本社图书发现印装错误,请与本社联系调换。服务热线:0512-65225020

## ◆导读◆

苏州是一座叠印在史书和织锦上的城市，是一片渗透了评弹、昆曲的土地，是以河流为经络，以桥梁为骨骼，以园林为血肉，以丝绸为肌肤发育成熟的鱼米之乡。千百年来，她用丝绸的长卷、流水的文图结构着自己的方志、奠定着江南之美。她那"姑娘苏醒"的美丽别名，就像一个穿行在小巷深处的旗袍背影，是我们忘不了的初恋，是我们离不开的故乡。

# ◆Guideline◆

Suzhou is a beautiful landscape which rivers serve as her veins and arteries, bridges stand as her skeleton, gardens and parks build as her flesh and blood and silk develops as her muscle and skin. Suzhou is not only labled by abundant fish and rice but also overprinted on historical books and brocade and permeated with the local pingtan and Kunqu opera.Since thousand and hundred years, Suzhou has structured own local topography and built beauty in the south of yangtze river with using her long historied silk and eotic culture. Her another refined name "waked girl" is as view of her back with cheongsam passing though a deep alley, like our first love never forgot and our hometown never separated.

# ◆ 目 录 ◆

# ✦ CATALOGS ✦

## Chapter Six: Brilliant and Affluent Colors of Silk Occur in the World/206

## Chapter Seven: Wunong Whispers is Still the Same as Before and the Heart–Warming Sight of Body Shadow is Gradually Remote/237

## Reprint Postscript/274

# 开 篇

# 水影丝光伴姑苏

> 一生四变的蚕，它那卧眠与醒起的动静交替，曾经引发了中国古人对于天与地、生与死等人生重大问题的联想与思索。更为神奇的是，蚕用吐出的丝使自己的生命寄生在另一种生命——人类的身上，使另一种生命也涧染上了自己的神采，并因此而更加鲜艳动人，用灵魂附体的方式为另一种生命奉献出了自己的所有辉煌。

## 人生如梦，锦袍如花

2000 年有一部香港电影在康城影展上大放异彩，获得了"最佳男主角"和"最佳艺术成就"两项大奖。9 月，王家卫的这部《花样年华》回到香港首映，时任香港特区行政长官董建华破例出席了首映式，并在致词中盛赞了香港电影人取得的成就。

而在《花样年华》中最光彩夺目的，就是影星张曼玉那二十多套充满怀旧韵味的中国旗袍，它们所放射出的中国江南的水影丝光吸引了全世界的眼球。

在电影营造的水影丝光中，张曼玉婀娜漾动的身躯被奢靡而又华丽的丝绸所包裹，款款地走过上个世纪六十年代香港的雨夜弄堂。她那一次次华丽而忧伤的转身，为观众留下了孤独而静默的背影；她那灿如夜花般绽放的旗袍，勾起了人们无尽的遐想，成了世纪末迷茫心灵中一处温馨的港湾。

**身着旗袍的江南女子**

她那一身变幻莫测的旗袍所摇曳出的千变万化的迷离背影，不仅唤回了一段过往生活的回声，同时也为人们创造了一个诗意生活的梦境，成了对抗现代文明的一个象征。

于是旗袍与少妇，一个在旗袍中呼之欲出的灿烂躯体，仿佛成了人们孤独心灵的一个突破口，引领着我们释放压抑已久的生命激情。

如此，这个感伤的爱情故事就不再仅仅是关于旧时上海的，也不再仅仅是关于某一代人的，而是关乎东方的情韵，甚至关乎了全人类的普遍情感。

面对着这样的雨夜，面对着这样的旗袍，面对着这样的

旗袍中风情万种的骚动的年华，人们突然醒悟：过去的某种
诗意的生活还可以重来，我们经历过的某些难以忘怀的时刻，
又在远方的某条长路上再次拥紧了我们的欢乐与忧伤。

　　是的，张曼玉的身影复活了 1930 年代上海街头无数烫
发着旗袍、脚蹬高跟鞋的摩登女郎。她们的思想观念和行为
方式已经明显地具有了现代西方的开放性，但她们就是不肯
脱下中式的旗袍而穿上西洋的套装长裙。虽然，她们也对传
统的旗袍样式作了些"现代"的处理——把旗袍岔口上开到

由旗袍演绎而来的时尚服饰

膝盖以上，甚至大腿根处，但却仍然要保留旗袍的高领，不让自己的颈部暴露出来。

这就是东方女性，尤其是中国女性所深谙的东方美——在极度开放和极度含蓄的两极张扬出一种极度的性感——于奔放收敛的平衡中恰到好处地释放性别美的神秘韵致。

所以，当时上海滩的有识之士曾写文章感叹道：

> 近日旗袍流行，摩登女士，争效满装，此犹赵武灵王之胡服，出于自动，非被强迫而然者……我们从这里也可以看出当时的风尚，而中国女子思想的激进，这里也有线索可寻。打倒了富于封建色彩的短袄长裙，使中国新女性在服装上先获得了解放。……像今日中国的女子在国际上已获有的地位一样，旗袍也是世界女子服装界的一支新军了。

由此看来，旗袍在那时与其说是一种服装，还不如说是开放革新和反潮流的一面旗帜。

其实，这股怀旧风早在上世纪末的 1990 年代就已产生，另一个具有象征意义的是陈逸飞的油画怀古系列。其代表作《浔阳遗韵》以一种伤感凄迷的情调再现了唐朝诗人白居易《琵琶行》那古典而又婉约的意境。

画面中三个分持琵琶、长箫与团扇的青春女子也是用旗袍营造了"浔阳江头夜送客"的独特气氛，将一种远逝了的江南田园牧歌的生活场景和古典艺妓的颓废而又洋溢的诗情重新燃亮于人们的记忆，以至在此后的很长一段时间里，一些时尚前卫的当代女性将陈逸飞的诗情画意穿上了上海的街头。

王家卫和陈逸飞这两位艺术大师为什么会不约而同地钟

身着和服的日本歌舞伎

情于旗袍，选择它作为过去时代美的象征物？

　　因为旗袍与和服是东方服饰美的代表，是东方女性风情的代名词。尤其是旗袍，几乎可以满足人们对东方女性，尤其是中国女性的全部诗情画意和神秘美的想象。

　　难怪在东西方冷战的上世纪 70 年代，在中国正处于"文

至今仍散发着怀旧
情调的苏州街巷

化大革命"的 1972 年 2 月，为了配合美国总统尼克松秘密
访华，美国的《女性家庭月刊》（Ladies Home Journal）要煞
费苦心地通过当月的封面向全世界的观察家发出一个重要信
息：美国第一夫人佩特·尼克松（Pat Nixon）身着中国旗袍
登上封面，并配以巨大的标题——风华绝代的中国风（Opulent
Chinoiserie for grand evenings）。

果然，旗袍作为一种文化符号，一夜之间，超越了政治
和意识形态，成为了人类文明的一种象征，进而引发了一股
欧美追逐中华文化的风潮。

也许你还不太清楚，这股世纪末最打动人心的怀旧情感
都与江南，特别是苏州有着千丝万缕的联系。

旗袍最早的渊源可以追溯到春秋战国时代，那时南方人
穿着的深衣可以看做旗袍的雏形，但真正定型为今天的样式
是在它成为满清贵族的宫廷女性服装以后，而它最终又回到

了南方民间，在南方的市井生活中开出了最为绚丽的花朵。

上世纪二三十年代，旗袍在上海和苏杭一带盛行开来，苏州灿烂的丝绸和上海裁缝精巧的手艺使得这种神秘而性感的服饰成了十里洋场的时尚风向标。

而和服，这种后来成为日本国服的丝绸服饰则直接诞生于三国时期的东吴，也就是今天的苏州地区，因而和服还有一个很动听的名字——吴服。

## 灵魂附体化神奇

早在公元前三世纪，中国丝绸就翩翩飘拂在了欧洲的地中海岸。那些如彩虹百花般流光溢彩的绸缎让西方的贵族，甚至君王震惊不已，长时间搞不清究竟是何物。面对着这种神秘衣饰瑰丽炫目的光彩，他们只好认为是一个美丽的梦影。

如今，我们已难以考证这些中国丝绸在汉唐丝绸之路开通以前是怎样到达欧洲的。但随着两千多年前汉代丝绸之路的开通，中国丝绸就一直在西方宫廷中闪耀着神秘东方的华

苏州东山

贵光彩，成为巴黎、罗马、雅典等世界时尚之都的贵族妇女们梦寐以求的奢侈品。

中国是世界上最早饲养家蚕并缫丝制绸的国家，也是长期以来持续这种手工业的唯一国家。中国丝绸就像中国瓷器一样，是独一无二的"中国制造"。桑蚕文明是中国几千年农耕文明最重要的组成部分和标志。

中国最早的丝织品出现在东南地区的良渚文化中，也就是今天太湖流域的苏州、嘉兴、杭州、湖州区域。从商代到战国，全国性的丝绸生产开始兴起，到了汉代，丝绸织品的品种已日渐繁复，其中的绮、锦、刺绣等已经达到了很高的工艺水平。那时，这些丝织品不仅流行于国内，还大量出口西方，一直销售到丝绸之路的终点罗马。

丝绸这种织物也许是所有织物中最具人性、也最神秘的。她的灿烂光彩来自于另一种生命，是另一种生命为创造人间美丽的无私献身。

"春蚕到死丝方尽，蜡炬成灰泪始干"。

唐朝诗人李商隐的这句诗吟咏出了人们对于春蚕的千古绝唱。

是的，"到死丝方尽"的春蚕的生命历程确实让人惊奇，春蚕一生中的发展变化更是让人感慨万千：

蚕从卵孵化成幼虫，也就是我们熟悉的蚕苗，长大成熟后绝食吐丝，再结茧把自己包裹起来变成蚕蛹，最后又经过蜕变为蛾，在两个月的时光中完成化蛹成蝶的生命历程。

一生四变的蚕，它那卧眠与醒起的动静交替，曾经引发了中国古人对于天与地、生与死等人生重大问题的联想与思索：卵是生命的源头，孵化成幼虫就是生命的诞生，几眠几起犹如生命的几个阶段，蛹可以被看做是原生命的死亡，而蛹的化蛾飞翔，更仿佛是人们所不懈追寻的一个生命死后灵

一直与丝绸相伴的
苏州人的生活

魂的归宿与去向。

更为神奇的是，蚕用吐出的丝使自己的生命寄生在另一种生命——人类的身上，使另一种生命也浸染上了自己的神采，并因此而更加鲜艳动人，用灵魂附体的方式为另一种生命奉献出了自己的所有辉煌。

蚕的生理变化还与人类的某些原始意识相暗合，在远古的时候，蚕还被看做是"龙精""天驷星"等神灵的化身和吉祥物。人们不仅隆重地祭祀它，还用陶、玉、骨、铜做成蚕或蛹等形状的饰物作为佩戴品。最早记载蚕桑发展轨迹的不是文献，而是许多反映蚕或桑的形象资料。

世界上恐怕只有蚕这一种动物是如此诗情画意地把自己的生命无私地奉献出来，去装扮另一种生命的美丽了。她自从和人类相逢后，就用自己柔肠千结的银丝和人类的生活建起立了千丝万缕的联系。

良渚文化遗址

蚕不仅仅丰富了人类富贵奢华的生活，不仅仅温暖了人类的爱情，人类一生中的婚丧嫁娶等所有重大的事件从此再也离不开她的身影。

蚕吐的丝不是圆柱体，而是由两股黏合在一起的三棱体组成的，因为蚕丝的表面有凸凹不平的球面蛋白质，所以才会在光线的照耀下折射和漫反射出千变万化的缤纷色彩。

曾经有人用喷孔为三角形的丝织机纺出人造的三棱体丝线，却发现这样的三棱体丝线并不能折射出光线的斑斓色彩。原来，人工仿制的三棱体出丝孔太规则，表面又没有凸凹的球面，就导致人造丝在折射光线时太机械，更不能产生漫反射现象，光线就变得呆板而刺眼，失去了自然的灵动与灿烂。

这个失败的试验似乎告诉了我们，生命不可以被仿制，即便仅仅是它的色彩，也是不可模仿的。

## 美人醒来是姑苏

苏州，又名姑苏，这个名字的由来有很多种考据学上的解释，其中最有说服力的是，源于苏州西南郊的姑苏山上有一个叫做"姑苏台"的吴王夜宴寻欢的遗址。

但我更愿意把这个名字的由来理解为出于人们的情感和直觉，这个美丽的名字也许是直接来自于人们对这个地方秀丽山河的最形象感受：姑苏——一位苏醒的姑娘，一位在水影丝光中如蚕蛹般醒来的少女。这，不是更贴近苏州给人的印象和感受吗？

有人说：如果把苏州比做美人，那么丝绸就是这美人身上的衣裳；如果把苏州比做天堂，那么丝绸就是这天堂里的彩虹。

苏州的丝绸生产最早起于何时，史籍上已经没有确凿的记载了，但是从太湖周边的考古发现和出土文物中，人们还是得出了大致的推断：苏州的桑蚕史大约开始于五六千年以前的新石器时代，当时的苏州先民们开始掌握原始的丝绸生

虎丘塔出土的北宋初年苏州绣娘们的作品，这是迄今为止最早的苏绣出土实物

虎丘山

位于苏州西北角，据传因其山形远望像老虎而得名。虎丘依山傍水，风景秀丽，历代许多著名文人来此题诗作画，既集中了江南文化的精华，又因各种思想、宗教传说而披上了神秘的色彩。宋朝的苏东坡在一千多年前曾说："到苏州，不游虎丘乃憾事也"。虎丘为"吴中第一名胜"。

产技术，从此以后，丝绸生产就在苏州地区的社会生活中扮演着越来越重要的角色。

千百年来，虎丘塔俯视着一城的水影丝光，为苏州这座阴柔秀美的古城矗立起了雄性的标志，平衡了一派锦绣的江南山河，取代了众多千古名桥，成为了苏州的地标。

如果你在京沪线上旅行，进入苏州地域后第一眼看到的肯定是铁路线北侧那座黑黑的古塔。虎丘塔斜斜地矗立在云岩山巅，已在这座卧虎般的名山上雄起了十五个世纪，而虎丘塔考古史上最重大的发现就和苏州的丝绸有关。

1956 年，苏州的文物部门在修缮虎丘塔时，在塔的第二层发现一个十字形空穴，中间放着一具石函。石函中的经箱里装着七卷经书。

令人惊喜的是，经箱被五块绣花的经帙所包裹。经帙虽已残破，但上面的色彩与图案仍然清晰可辨，是五代到北宋

初年苏州绣娘们的作品，也是迄今为止被发现的最早的苏绣
出土实物。

　　虎丘山门外有一条河、一条街。这条叫做山塘的河流与
街道，曾被大多数的当代游客冷漠遗忘。

　　然而，只要你稍通古典、略翻书卷，就不会对山塘视而

虎丘剑池

不见。它早已在众多的史册上留下了不朽的印记。

它的河流街巷曾经挤满了文人骚客的身影；它的雕栏画栋曾经积淀了无数红粉佳人风度各异的相思姿势；它的一河涛声中曾经刻录了无数坐贾行商银币碰撞的叮当声，就连现在寸纸寸金的高中语文课本也要拓印一篇它的碑文……

在当代的视线中，山塘滑动着寂寞的水光和清冷的街色，隐隐浮现着岁月的沧桑和历史的风雨，仿佛已变成了一坛滋味复杂的光阴之酒，散发着农耕桑织的余温，飘荡着绣鞋旗袍的幻影。

丝绸对人类最大的诱惑来自于她的神秘与性感，同时还来自于她对人类身体的慰藉。

丝绸充分地释放着女性的美，表达着她们惊艳与诱惑的诗意魔力。丝绸抚慰并包容着女性的柔情，使她们的身体与气质散发出神秘，让她们自信地绽放女性的柔媚，为她们提供最美艳的姿态、最动情的行为和最丰富的性暗示。在与丝

虎丘山门之一

绸相伴了几千年的苏州女人身上，丝绸已不仅仅是一种裹体的服饰，而成为她们生活中一个不可或缺的角色。

也许丝绸本身就是一位女性，蚕姑娘这个尤物一诞生就注定要成为阴柔甚至妖媚的代名词。在人类的心目中，蚕一开始就具备了性感与神秘的特质，既是感官上的，也是美学上的，所以在《花样年华》中，女性所有的千娇百媚，都通过持续、热切而又意味深长的不断更换丝绸旗袍表达了出来。

对于谙熟丝绸魅力的苏州男人来说，每一抹飘逸于他们眼前的丝绸，都包裹着他们对于爱情的无穷想象。他们最会捕捉丝绸和女性身体摩擦的暗香，他们最会倾听丝绸和女性神秘的耳语，他们最会欣赏丝绸和女性融为一体的舞蹈。

## 夜市卖菱藕，春船载绮罗

如今，北方人到南方的苏州、杭州旅游，都要带些丝绸

山塘街

制品回去送人，真丝服饰仍然为全国人民所喜爱。

其实，丝绸生产起源于长江以北的黄河流域，中国古代丝绸生产的中心原在河南一带的中原地区及山东半岛。后来由于战乱和气候等原因，生产重心于隋唐时代开始南移到了江南和成都平原。南宋迁都杭州后，苏嘉杭地区渐渐成为全国丝绸生产的中心，并在明清时达到了鼎盛。

> 君到姑苏见，人家尽枕河。
> 古宫闲地少，水港小桥多。
> 夜市卖菱藕，春船载绮罗。
> 遥知未眠月，相思在渔歌。

这是唐朝诗人杜荀鹤给将到苏州游玩的朋友送行时，向朋友描述的姑苏风情，其中"夜市卖菱藕，春船载绮罗"描绘的就是当时苏州人生活中与丝绸唇齿相依的场景。

从此以后，苏州制造的丝绸不仅一直美丽着人们的生活，灿烂着人们的爱情，还通过丝绸之路，主要是海上丝绸之路远销世界各地，为国库换回了大量的白银。可以说，是丝绸首先开辟了东西方文化交流的通道，创造了一种文明。

毫不夸张地说，丝绸也同黄河、长江一样，曾经将锦绣的中华文明铺展、渗透到了世界各地。

如果要把中国版图形象地比喻为丝绸覆盖着的锦绣中华，那么苏州就是这个华盖上一簇最光彩夺目的花团。就像人们说的那样：离开了丝绸，苏州就缺少了三分妩媚；而离开了苏州，丝绸也就失去了七分光彩。

2004年6月28日，联合国教科文组织第28届世界遗产会议在苏州召开；同一天，200多位中外学者汇聚敦煌探讨丝绸之路古遗址保护。

这两件事都与苏州有着密切的关联。且不说在漫漫汉唐阳关古道上曾有多少匹苏州生产的绫罗绸缎被骆驼载向地中海沿岸，有多少苏州织女和绣娘的光阴通过敦煌流逝在了遥远的异国他乡，单说已经成了海上丝绸之路重要组成部分的日本，它的桑蚕养殖和纺织技术整个就是从中国、从苏州移

中外美女钟情丝绸的神态与姿势都是一样的

对桑蚕历史深感
兴趣的外国友人

植过去的。

也许可以这样形象地说明苏州与丝绸的关系：如果把苏州比作一只光彩熠熠的蚕茧，那么这个城市从发生、发展到繁荣昌盛，就是由蚕丝编织缠绕出来的。

丝绸斑斓而冶艳的色彩，最能折射出苏州人对生活与美的感悟与理解，丝绸经过苏州女性的加工和创造，都会呈现出不同于另一个产地的绰约风姿，都会因季节的转换在她们身上变幻出不同的光影，都会在不同的环境和氛围中让人体会到属于苏州的精致而婉约。

## 万千宠爱集一身

丝绸蕴涵着中华民族最美好的情感，承载着中国人情感中最深沉的部分，甚至还承载着坚强的革命浪漫主义情感：

当一曲民间小调《绣荷包》的旋律响起时，全中国的青年男女都会被歌中的那个少女在为情人绣荷包时的思念之情所打动；当身陷渣滓洞牢房中的江姐听到新中国成立的惊天

家蚕驯育是我国远古时代的劳动人民在实践中掌握自然规律而加以利用的创举，但毕竟历史过于久远而无法追溯到其最早起源，因而就有了各种传说和神话。传说之一，养蚕是黄帝的元妃嫘祖所发明的。在《通鉴外纪》中载"西陵氏之女嫘祖为帝元妃，始教民育蚕……后世祀为先蚕。"这种说法比较普遍，新中国成立前的蚕神庙里还供着先蚕西陵氏。另外，《搜神记》中有一则神话。相传在太古时代有父女二人，父亲外出打工，仅留下女儿一人和一匹马在家。女儿自己饲养此马。由于贫穷和寂寞，她非常思念出门在外的父亲，就对马戏言："你要是能把我父亲接回来，

喜讯而难以表达自己的激动心情时，她和她的难友们最终选择了用黄丝线在一面红绸缎上绣出一面五星红旗，献给她们为之奋斗、为之牺牲的祖国。

由此，我们就不难理解，我们的国旗为什么也要用红绸制成；我们的祖国为什么叫锦绣中华；我们的未来为什么被描绘成锦绣前程；我们的祖先为什么要魂归桑梓。

是的，丝绸织物飘逸而华丽的线条是那么的生动鲜活，仿佛吸足了土地和自然所酿造的全部精华，融入了劳动者的每次呼吸，给生活和爱情以激动的机会，让人身不由己地对这种来自生命的美的感召做出反应。

然而，经过两千五百多年的漫漫长途，苏州已经有意无意地摆脱了水影丝光的陪伴。

而失去了水影丝光陪伴的苏州，虽然仍年复一年地被江南的春雨宠爱着，但小巷深处的烂漫杏花已经了无踪迹；失去了水影丝光的苏州，虽然仍残存着几座饱经沧桑的古桥，但桥下的河水已经很少流淌。至于小桥流水河畔那洋溢着诗

我就嫁给你。"马听完此言后便挣脱缰绳而去，径直跑到了父亲打工的地方。父亲见到马后非常惊奇，就牵来骑上。马望着来的方向悲鸣不已。父亲见状，猜测家里有事，就骑马回到了家里。畜生有非常之情，所以父亲更加精心喂养。但马不肯吃食，每见到女儿出入都要喜怒击蹄。父亲觉得奇怪，就悄悄地问女儿。女儿只好如实相告。父亲认为此事有辱家门，就用箭将马射死，把马皮剥下晒在院中。父亲又出门了。女儿与邻家女友来到马皮前，对着马皮嘲笑说："你一个畜生为什么要娶一个女人呢？招此杀身之祸，何苦呢！"话音刚落，马皮突然飞起，将女儿卷走。邻家女友大惊失色，不敢抢救，只好去告诉父亲。父亲返回后到处寻找，未能找到。数天后，在一棵大树枝上发现了他们。女儿和马皮同时化为蚕，生息于树上，其茧厚大。邻女取而养之。因树为桑树，又因桑与丧同音，故取名为桑蚕，老百姓普遍饲养，即为今天的家蚕。

家蚕驯育起源的神话

情画意的姑苏人家，更是早已被毫无表情的盒形建筑冷硬地抹去。

在苏州不断地失却她那卓尔不群的风采，渐渐模糊在千城一面的大地深处时，恐怕许多人都不禁想问：失却了独特个性的苏州，还是那个记载在史书典籍、存活于祖先心灵的天堂姑苏吗？

从今以后，那个曾经的苏州，那曾经满城漾动的水影丝光和那曾经灿烂在码头深巷中的旗袍丽影，也许只有在记忆的深处、甚或是夜晚的想象中才有可能与我们重逢。

道理很简单，当一个城市不会，或者失去了庇护自己精神遗产和乡土文化的能力时，这个城市的生命力也就开始丧失了。因为一个城市需要别处所没有的而又具有普遍价值的个性。只有这样，它才能在人类创造的文明宝库中占有一

现代苏州人的生活场景

席不可取代的地位，才能使自身葆有长盛不衰的魅力，也才能成为大地愿意珍视的作品。

如果把一个城市看做一个有血有肉的生命体，那么，当那些具有标志性的历史文化遗存被粗暴地剥除时，消失的就不仅仅是一段历史和人生的载体，而是这个生命体上的某个器官或者某部分血肉被切除了。在这个意义上，不仅仅是苏州，今天中国的许多历史文化名城都早已是千疮百孔。

所以，本书既是对丝绸苏州的颂歌，同时也是苏州丝绸的一曲挽歌。因为荏苒的时光，早已使苏州的风水流转。

老苏州人的生活场景

那就让我们翻开书页，沿着苏州的曲巷和水道穿行，一同去感受古代农耕桑织的图景和商人们在水网中穿梭贸易的繁忙。

长期以来丰衣足食的生活，使得苏州的子民怀旧而知足，保守而惧怕革新，坚守常规而厌恶例外，认可并养成了一种细腻的凡夫俗子的情怀。

他们的视野难以突破这一片由长江冲击而成的肥沃的

三角洲地。他们有生意人的实际眼光，却缺少豪商大贾带有幻想性的远大抱负，缺少爆发性的创造力。他们不愿意走出太湖流域的家园，去经风雨、见世面，缺乏冒险的勇气和承担风险的胆量，而过于看重甚至贪恋温暖平静的享乐生活。这也许正是丝绸在苏州已渐渐失去光彩的根本原因，而不仅仅是因为现代物质生活基础的改变和人们审美情趣的变化。

就像任何有价值、有诗意的事物被时光淘汰时，都会让人怀念和感伤一样，丝绸在苏州的没落和褪色，也如此地使人愁肠百结，依依伤感。

走在今天的山塘街上，我们只能在幻觉中感受古琴琵音的回声从棹影和波光中漾出，像闪烁的渔火飘逸，像街楼窗口摇曳的灯光，像歌妓们心不在焉的情歌。

但苏州毕竟是一座叠印在史书和织锦上的城市，是一片渗透了评弹、昆曲的土地，是一处以河流为经络、以桥梁为

苏州丝绸经过漫漫丝绸路到达威尼斯

苏州普福桥（已拆毁）

骨骼、以园林为血肉、以丝绸为肌肤、以刺绣为纹花，发育成熟的温柔富贵之乡。

苏州以丝帛的长卷、流水的文图连绵不断地结构着自己的方志，奠定着江南美的基因，有着"苏醒的姑娘"这样的温暖美丽的别名，如同漂浮在梅雨船头的一袭旗袍背影，是水埠头岸的浣纱女和长桥上牵牛挽犁的农夫的家园，是永远魅惑着我们的故乡。

如今苏州女儿的卧房里仍然有花叶雕琢的窗棂，她们的衣裙仍然在被梦一般的春风翻阅，她们的肌肤也依然在为丝

苏州水上交通

绸所擦亮。

　　与王家卫、陈逸飞相呼应的是，2004 年 8 月 30 日，在第 28 届雅典奥运会闭幕式上，张艺谋又大大地为全世界上演了一场旗袍秀。

　　又是旗袍：十四个青春勃发的中国少女，穿着性感的中国旗袍，强劲地用二胡、琵琶演奏着中国民乐，像十四朵神秘的东方之花骄傲地绽放在地中海岸。

　　也许，日渐式微的苏州丝绸应该从中得到一些启示：只要有开放的思路，只要敢于创新，苏州丝绸就能重新找到自己的存在方式，就能重获表现自己的崭新舞台。

第 一 章

# 陌上桑

公元前519年，楚国的少女和吴国的少女在两国边界区域的桑田里采桑叶时发生了争斗。两国的边界长官听说后非常愤怒，竟率领军队交战。楚国先剿灭了边界处的吴国采桑女。吴王得报后愤怒异常，决定立即对楚宣战，并一举攻取了楚国的两座城池。

这是中国历史上第一场因为抢占桑田而引发的战争。可见桑蚕生产已是当时吴国和楚国的经济命脉，重要到需要动用战争这一极端形式来捍卫的地步。

## 怀春时节好采桑

日出东南隅，照我秦氏楼。

秦氏有好女，自名为罗敷。

罗敷喜蚕桑，采桑城南隅；

青丝为笼系，桂枝为笼钩。

头上倭堕髻，耳中明月珠；

缃绮为下裙，紫绮为上襦。

……

——《汉乐府·陌上桑》

这首乐府诗描绘的是一幅汉代美女罗敷清晨采桑的优美图画。后来这首汉乐府"陌上桑曲"化出了宋词曲调词牌——

《采桑子》，被无数词人翻唱出了千姿百态感伤缠绵的爱情故事，成了妩媚婉约的代名词。

三国时魏国才子曹植也写下著名诗篇——《美女篇》，对陌上采桑美女进行了热情洋溢的赞美：

> 美女妖且闲，采桑歧路间。
>
> 柔条纷冉冉，落叶何翩翩。
>
> 攘袖见素手，皓腕约金环。
>
> 头上金爵钗，腰佩翠琅玕。
>
> 明珠交玉体，珊瑚间木难。
>
> 罗衣何飘摇，轻裾随风还。
>
> 顾盼遗光彩，长啸气若兰。
>
> 行徒用息驾，休者以忘餐。
>
> 借问女安居，乃在城南端。
>
> 青楼临大路，高门结重关。
>
> 容华耀朝日，谁不希令颜？
>
> 媒氏何所营？玉帛不时安。
>
> 佳人慕高义，求贤良独难。
>
> 众人徒嗷嗷，安知彼所观？
>
> 盛年处房室，中夜起长叹。

美艳妖娆的姑娘，在乡间岔路上优雅采桑。桑树枝条如丝柔动，落叶在春风中轻飘。美女捋起袖子露出白净的手臂，手腕上戴着金手镯；美女的头上别着金钗，腰间佩挂翠玕；美女身上挂着珍珠璎珞，玉体上镶嵌珊瑚碧珠。她那美丽的罗裙随风飘起，顾盼之间春光无限。她的眼神抛洒迷人的微笑，轻语的朱唇吐纳兰花的芬芳。行路的人忍不住驻足观赏，休息的人忘了吃饭。借问这位美女家住在哪里呢？

盛泽先蚕祠

原来是在这个城市的南部。她家的宅第正对着繁华的大街，高高的门楼锁闭着一重重院落。如此显贵之家的美貌女子，谁不想获得她的青睐呢？真不知那些媒人都在做什么，怎么还让她虚度在闺阁。美女大多钟情深情厚义之人，可贤士良才却非常难得。大家都只会议论纷纷，哪里猜得透她的心情追求？正值青春盛年的她无奈独守闺房，只能在夜深人静时感慨叹息。

和三秦大地的罗敷以及曹植笔下的采桑美女一样，江南的少女也创造了无数春日采桑的美景。

2000 年 5 月，中央电视台《新闻联播》报道了苏州盛泽先蚕祠重建落成的新闻。这座始建于清道光七年（公元 1827 年）的祠庙是现今全国仅存的祭祀蚕桑文化的祠庙，一直以恢宏的规模、精美的建筑名满江南，在太湖流域桑蚕业的中心香火不绝。

先蚕庙里剧登场，

男释耕耘女罢桑。

只为今朝逢小满，

万人空巷斗新妆。

——《盛湖竹枝词》

小满日是蚕神的诞辰，为了庆祝当年春蚕的丰收，过去的盛泽丝业公所每年都要出资酬神演戏三天，先演昆曲，后两天则为京戏。

而在养蚕伊始的阳春三月，江南的绿水青山间则是另一派欢快忙碌的景象：村头溪边，桑园河畔，蚕妇们三五成群，挽袖赤足，洗涤晾晒蚕具，迎候着蚕宝宝的诞生。

那些揣焐着蚕卵的少女们，身穿红绸棉袄，将蚕种紧贴胸口，用处女的胸乳"暖种"。她们沐浴着春风，像一枚枚怀孕的花神，唤醒了春风中的百花，也暖醒了怀抱中的春蚕。

先蚕祠内的小满戏台

隐居于苏州石湖之畔的南宋诗人范成大，在其《四时田园杂兴六十首》中竟有十余首歌咏了太湖流域桑蚕的重要农事，初春的这种蚕事就被他描绘得出神入化：

柳花深巷午鸡声，

桑叶尖新绿未成。

坐睡觉来无一事，

满窗晴日看蚕生。

养蚕的人家如果没有尚未出嫁的少女，暖种的少妇就要孤灯独眠，远离房事，以绝对干净的身子表示自己对蚕神的虔敬。

清代郭麟在他的《樗园消夏录》中曾这样描绘江南一带蚕室禁忌的风俗："三吴蚕月，风景至佳，红帖粘门，家多禁忌。闺中少妇，治其事者，自陌上桑柔，提笼采叶，村中茧煮，分箔缫丝。一月单栖，终宵独守。每岁皆然，相沿成俗。

春蚕的故乡——江南水乡

宁分寡女之丝，不作同功之茧也。"

蚕大多为一蚕结一茧，但也有两蚕做一茧，甚至三蚕做一茧的，俗称"同功茧"或"同宫茧"。同功茧不宜于缫丝，所以蚕家都很忌讳。苏州地区的蚕农认为，蚕月夫妻同房，会导致蚕宝宝多做同功茧。

这时候，只要你跨出城市的大门，走向乡间蜿蜒的小路，你的眼前就会出现一片接着一片的葱绿桑园。那些生机勃勃的桑树舒展着茂密的枝叶，在春风中摇曳，似乎在向你招手致意。远远地，你还能看到身穿蓝印花布的村妇在桑树下忙碌，把新鲜的桑叶采进身后的大箩筐里。只是，这时候你不要贸然走近去，因为或许那儿正好有人在喂养幼蚕，而饲养桑蚕的人都笃信世代流传的警告：如果蚕宝宝被陌生人看见，它们将会死去。

蚕户对家蚕怀有的深厚情感是外人所难以想象的。千百年来，这里的乡民已与这种独特的生产方式水乳相融，他们把蚕亲切地称做"蚕宝宝"。一方面是因为家蚕确实全身都是宝，光彩夺目的绫罗绸缎来自于它，其他的物质财富也大多依靠它交换。另一方面，我们从吴语的称谓中可见一斑。苏州吴语地区生男孩习称"宝宝"，生女习称"囡囡"。把蚕当做儿子看待，这在男尊女卑的封建时代是意味深长的。养蚕的妇女叫做看蚕娘娘，把她们和蚕定位成亲昵的母子关系，可见蚕事的至高无上。

事实上蚕家妇女的爱蚕，确实也不亚于哺儿育女，就像道光《震泽县志》所载：养蚕"自初收以迄浴种，其爱护防维，心至周而法最密"。

每当蚕事开始，蚕乡的女性，上自老妪，下至女童，都要用红色的丝绸折成花朵，插在发髻或者鬓角上，用"戴蚕花"的礼仪形式，烘托出蚕事的喜庆和繁忙。

桑蚕重镇——盛泽

　　蚁蚕孵出后，蚕室的四周要挂上帷幔，放上炭火盆饲养幼嫩的蚕苗。家家户户关门闭院，停止一切交往活动，为幼蚕创造安静肃穆的生长环境。

　　文学家冯梦龙在《醒世恒言》里描写明末盛泽时说："养蚕人家，最忌生人来冲。从蚕出至茧之时，约有四十来日，家家紧闭门户，无人往来，任你天大事情，也不敢上门。"

　　蚕过三眠，就要撤去室内的火盆，叫做"出火"，看着蚕苗的体状，估计将来的收成。这时，家家开始做蚕圆。蚕圆用糯米粉捏制而成，长圆体，中间略凹，实心无馅，蒸熟食用。因其状如蚕茧，象征收成到手。

　　接下去，就开始了最为艰苦的饲养阶段。

　　蚕宝宝的卧房被要求避光且绝对安静，在一排排麦秸支起的棚架上，蚕宝宝们密集地簇拥在层层垒叠的竹圆匾上不分昼夜地反复进食和卧眠。

这时太湖流域农村典型的景象就是，桑田里终日闪动着蚕妇们采摘桑叶的忙碌身影，村庄里则是一片蚕食桑叶的沙沙声，犹如绵密的梅雨横扫水面。

当蚕开始上架吐丝，民间称做"上蔟"，一季的蚕事就接近了尾声。

蚕在"上蔟"的时候，仍然要求置于绝对安静的环境里。因为人声会惊吓那些正在"上蔟"的蚕，如果它们受惊突然调转头来，就会使它们正在吐出来的细丝打结。

那些吐丝的春蚕，头晃来晃去，有节奏地从左到右、从

江南桑原

前到后摆动，身体渐渐地蜷缩起来，把自己裹进一团薄膜般的丝线里，并越缠越厚，直到吐尽丝线，把自己完全包裹在一个厚实的茧中。

一俟桑蚕结茧，邻里乡亲开始恢复走动，相互评看结茧情况，互致祝贺，并互赠一些小礼品，讨个吉祥，称之为"望山头"。

这时，桑蚕之家更不敢有丝毫的懈怠了，因为关键的"收丝"时刻到来了。"收丝"就是争分夺秒把蚕茧从棚架上摘下来，赶紧把蚕茧卖给缫丝厂。如果这个环节行动过慢，让蚕在茧中待得太久，它们就会抢先一步，把茧子咬破变成蚕蛾飞出来，这样那些密密缠绕的丝线就被咬断了，桑蚕人长达两个月的辛劳就会前功尽弃。

在商品经济不发达的古代，男耕女织之家一般都会自行缫丝、纺织。缫丝的时候由长者把采下来的蚕茧摘净后一拨拨投进沸腾的大铁锅里，锅底下不停地加柴烧火。蚕茧经沸水一煮，紧缠的丝线就会变得松散，女人们则灵巧地把丝线抽出来卷缠到身边的卷轴上。卷轴随着她们脚踩的动力慢慢地转动，渐渐变成一轴宽宽的、银光闪烁的丝穗。

要把原丝加工成精美的丝绸，在大工业生产的纺织厂出现以前，还得依靠手工操作的纺车和织机。当桑蚕之乡的夜晚来临时，在夜莺的啼叫和狗吠声中，一定还会传出持续而有节奏的"咔嗒、咔嗒"声。不错，那正是织机声。

如果你顺着这个声音一路追寻过去，最后你一定会来到这样一户农家。走进庭院，透过门窗，你会看到一个年轻的姑娘或媳妇，身穿印花大褂，坐在纺车前。那纺车简易而高大，四根竹竿轴正在均匀地转动，闪亮的丝线正在缠结成一个圆球。

她的身旁便是这个家庭的男主人。他正专心致志地坐在

蚕花娘娘土版刻画

织机前织布。高大得显得笨重的织机往往占据着一间织工作坊的中心位置。为了起到固定作用，机器的主要部件随底座被埋在地坑中。

美国《国家地理》杂志记者艾丽斯·卡拉尔参观过中国的一户纺织之家后，在《中国老百姓是这样生活的》一文中很诗化地写道：

> 织工坐在木板凳上，在织机前专注地工作，梭子穿过一排排色彩绚丽的经线。昏暗的屋子里通过纸糊的窗透出亮光，窗上贴着美妙精致的剪花。织工旁边坐着他机智的兄长和经验丰富的父亲，帮助他拉出一条条能织成美丽图案的神奇丝线。
>
> 这些在织机上工作的人，仿佛一群水手在船上

苏嘉湖一带的蚕农都喜将蚕神称为"蚕花娘娘"。传说蚕花娘娘在世时最爱吃小汤圆，因此，每年蚕宝宝三眠后，蚕茧丰收在望之时，每户人家都要做上一碗"茧圆"来酬谢蚕花娘娘的保佑，那里至今仍保持着这种风俗。

养蚕准备工作——洗蚕匾

### 蚕卵

蚕以卵繁殖。蚕卵看上去很像细粒芝麻，宽约 1 毫米，厚约 0.5 毫米。一只雌蛾可产 400 至 500 粒蚕卵，1700 至 2000 粒蚕卵，重约 1 克。蚕卵的颜色，刚产下时为淡黄色或黄色，经 1 至 2 天变为淡赤豆色、赤豆色，再经 3 至 4 天后又变为灰绿色或紫色，此后便不再发生变化，称为固定色。蚕卵外层是坚硬的卵壳，里面是卵黄与浆膜，受精卵中的胚胎在发育过程中不断摄取营养，逐渐发育成蚁蚕，它从卵壳中爬出来，卵壳空了之后变成白色或淡黄色。

努力协作，又好像是一支管弦乐队，弹奏着从祖先那里继承来的奇怪乐曲。只不过他们不是弹奏音乐，而是色彩。在这些特殊的音乐家手中，一匹匹色彩华美的绸缎就展现在人们眼前了。

其实，把蚕茧从麦秸、稻草上采摘下来后，一季的养蚕活动就全部结束，而缫丝、织绸则是长年累月的生产活动。

"收丝"工作一开始，桑蚕之家便举行庆祝收获的庆典活动。康熙《吴江县志》记载："裁茧为落山矣，乃具醴牲飨神，速亲宾以宴之，名'落山酒'。"这时，关闭了几个月的户牖一夜之间全部洞开，家家户户都要置办酒宴，广纳亲朋，欢庆一番后，将新茧出售，提供给纺织作坊缫丝纺织。至于怎样制造成绫罗绸缎已经不是他们所关心的事了。

从古代到明清，一直延续到近代，苏州以及太湖流域的桑蚕业对乡民生活和当地的手工业经济至关重要，素有"春蚕半年粮"之说，又有"蚕箱落地，有钱栽秧"的谚语。在吴江西南境蚕桑产区，春蚕季节称为"上忙"，而稻作季节被称为"下忙"，可见蚕稻两作等量齐观，为当地经济的两大支柱。

春蚕之后，又有夏蚕和秋蚕，一直到冬季来临。养蚕是江南太湖流域持续时间最长、也最繁忙的农事，对农民经济收入的影响实际上比粮食生产还要大。

当时在太湖流域流传着这样一首歌谣，以二十四节气为时间节点，生动形象地描绘了桑蚕农事的全过程：

幼蚕

蚕从蚕卵中孵化出来时，身体的颜色是褐色或赤褐色的，极细小，且多细毛，样子有点像蚂蚁，所以叫蚁蚕。蚁蚕长约 2 毫米，体宽约 0.5 毫米，它从卵壳中爬出来后，经过 2 至 3 小时就会进食桑叶。

正月立春和雨水，桑园正要施春肥。
猪灰羊灰加河泥，好比人要补身体。
二月惊蛰和春分，桑园野草要翻垦。
除掉野草桑树旺，树旺才能桑叶嫩。

采桑叶

三月清明和谷雨，桑芽雀口笑嘻嘻。

要想寒里种新桑，嫁接桑苗正当季。

四月立夏和小满，家家户户看春蚕。

采回桑叶忙剪条，剪条还须多补拳。

五月芒种和夏至，桑园要垦产褥地。

浅耕细垦巧用肥，好比产妇要休息。

六月小暑和大暑，钻进桑园汗如雨。

桑树新芽尺把长，夏蚕还要删二叶。

七月立秋和处暑，天蚕毛虫要捉起。

削草要抢晴正天，桑叶正好换力气。

八月白露和秋分，秋风秋雨一阵阵。

农家秋蚕正忙煞，捕捉羊夹要认真。

九月寒露和霜降，卖掉茧子喜洋洋。

桑树里桑虫用钩扎，绿肥下种正当忙。

十月立冬和小雪，田里忙好莫贪逸。

手拿锯子去修拳，桑拳光洁桑条齐。

十一月大雪和冬至，桑园里要垦冻地。

垒得大来翻得深，地冻松来虫也死。

十二月小寒和大寒，桑园里生活勿曾完。

施肥开沟刮岸草，低地还要做圩岸。

蚕在生长

## 骇人风俗：摸蚕花奶奶

在我国吴越桑蚕区域，每到春末夏初各地都要举办轧蚕花庙会，在这样的庙会上有一个叫做"摸蚕花奶奶"的风俗简直可以用骇人听闻来形容。

每逢庙会时节，在老人们紧盯着戏台上那一出出虚拟人生的同时，未婚的青年男女则在尽情地释放着他们的现实激情。

但见青年男女们身着薄衣单衫，拼命在人山人海中挤轧，很多小伙子都大胆直接地用手在姑娘们的胸前摸抓揉捏，一些胆大妄为的后生甚至会解开姑娘们的衣衫，将手伸进去抚弄姑娘们的乳房。奇怪的是，被"轻薄"的姑娘们没有一个反抗，她们的脸上甚至连一丝拒绝的表情都没有，虽然她们的脸上也带着羞怯的潮红，但眼里放出的却是激动和兴奋的光芒。

原来，在吴越桑蚕区曾经有过这样的传说，说是有一年桑蚕收成惨淡，但有一户人家的蚕茧收成却意外地非常好，人们究其原因，发现他家养蚕并非有什么独门绝技，只是他家养蚕姑娘有次在采桑途中，无意间被未婚小伙子触碰到了乳房，自那以后，他家的蚕花花吃了那个姑娘采摘的桑叶后

桑葚成熟时，春蚕开始结茧

就长得出奇的好。

于是在吴越桑蚕区就形成了这种"摸蚕花奶奶"的风俗，未婚的蚕花姑娘谁都期望着能在庙会上被哪个小伙子摸一摸或碰一碰她的乳房。

这种风俗认为，未婚的蚕花姑娘只要在轧蚕花的庙会上被随便哪一个未婚的小伙子摸了乳房，哪怕只是被碰了碰，就意味着她有资格当蚕花娘娘了。更重要的是，蚕农们认为，经过这种已经上升为仪式般的风俗洗礼，她家当年的蚕花花就一定能避开灾难，兴兴旺旺地成长。

## 吴楚之争竟为桑田

司马迁曾在《史记》里记载，公元前 519 年，吴国和楚国因为争夺边界地区的桑田，发生了大规模的"争桑之战"。

当时楚国的少女和吴国的少女在两国边界区域的桑田里采桑叶时发生了争斗，两国的边界长官听说后非常愤怒，竟率领军队交战。楚国先剿灭了边界处的吴国采桑女。吴王得报后愤怒异常，决定立即对楚宣战，并一举攻取了楚国的两座城池。

这是中国历史上第一场由抢占桑田引发的战争，可见桑蚕生产已是当时吴国和楚国的经济命脉，重要到需要动用战争这一极端形式来捍卫的地步。

春秋战国时期的吴国，其疆域的中心即是今天的苏州地区。

当海水退却后，长江在这里开垦出了一片河网纵横的肥沃土地，把这里化育成闪烁着丝光水影的富庶粮仓，形象地演绎了沧海桑田巨变的造化神奇。

苏州的先民们很早就适应了这片钟灵毓秀的自然：男人们接受了山河的表情，姑娘们向流水学会了歌唱，男人和女人们一同向晚风学会了舞蹈。

在这片多水的故乡，祖先们的生命顺理成章地诞生在了船上，他们的情窦最早是为浪花所开，他们的羞涩最早是为丝绸所包裹。这片水乡其实就是我们放大了几亿倍的母亲的摇篮。

苏州的丝绸生产起源于何时，在史籍上已经找不到明确记载了。但是太湖流域良渚文化的考古发现和出土文物却给了我们许多这方面的信息：

1958年，苏浙交界的吴兴钱山漾新石器遗址出土了家蚕丝带和绢片。这是目前世界上出土最早的丝织品，距今四千五年百到四千七百年之间。

1959年，苏州吴江梅堰遗址出土了有丝绞纹和蚕形纹的黑陶，距今四千年以上。

彩色蚕茧

蚕在吐丝、结茧

收获蚕茧

　　1972 年，苏州吴县唯亭草鞋山出土了三块已经炭化的纬起花的绞纱罗纹织物，距今已经六千多年。

　　更为重要的是，1973 年浙江余姚河姆渡新石器文化遗址中出土了一个盅形雕器。这件距今近七千年的文物上刻着四条蚕纹，这几条野蚕仿佛正在向前挪动，头部和身上的横节

养蚕人家

蚕蛹

纹看上去非常清晰逼真。

在这些文化遗址中，还同时出土了大量的陶制纺轮、骨制梭形器、木制绞纱棒和其他的木制、骨制的纺织和缝纫工具。

由此可以推断出，大约在五六千年以前的新石器时代，苏州地区的先民们就已经掌握了原始的丝绸生产技术。

## 白如春雪，艳似桃花

远古时期的苏州并不像如今那么富庶繁荣，那时的太湖流域还是一片未经开发的蛮荒之地，数量不多的土著先民生活在纵横交错的水网之中，主要以渔猎为生。

史料中是这样记载吴国的建立的：

商末，远在西北的周族部落，周太王因为想立幼子季历为继承人，引发了内乱。他的长子泰伯和弟弟仲雍为避灾难，逃亡到吴地，为了生存，放弃原来已具有较高文明程度的生活方式，改从当地风俗，断发文身，凭借他们先进的管理理念，建立了"勾吴"小国，成为吴国的始祖。

后来他们的二十世孙诸樊在公元前 560 年接任吴王，将国都从无锡梅里迁至苏州。这时的吴国国势已经渐强，生产力也有了较大的发展，丝绸生产也开始成为吴国重要的经济支柱之一。

一年后，爆发了前面所说的吴楚"争桑之战"。

春秋战国时期的《尚书·禹贡》记载了九州的物产和纳贡情况，苏州被列入贡品的有著名的"织贝"，这是一种先染丝、然后织成贝壳纹样的锦帛。这种织贝华丽高贵，声名远扬，是当时全国达官贵人竞相追逐的名牌产品。

三年后，北方晋国的大夫叔向南下吴国访问，史料中这样记载了吴王送别叔向的场景：

> 吴人饰舟以送之。左百人，右百人，有绣衣而豹裘者，有锦衣而狐裘者。

在宏大的场面中，丝绸纺制的锦绣服饰成为吴王炫耀国家实力的礼仪性标志。

太湖

十年后，吴国派季札等人到中原各国考察回访，带去的白锦赤纬丝织缟带更是让中原郑州一带的人惊叹不已。

《左传》就如此记载了当时苏州白如春雪、艳如桃花的锦绣类丝织物："吴地贵缟，郑地贵纻。"

## 蜿蜒在甲骨上的丝线

甲骨文最初出土于河南安阳小屯村的殷墟，1899年才被发现。殷墟是商王朝后期都城的遗址，自盘庚迁都直至商纣灭亡共历273年。近一个世纪以来，在此出土的甲骨多达几十万片，其中有很多都记载了与蚕、桑、丝和蚕业有关的事和文字。可见，蚕丝早已成为当时社会物质生产和精神生活的一个重要组成部分。

甲骨文中的各种"丝"字，形状均似丝线缠绕。"缫"字中有水、缫釜及蚕茧，属象形字。此外，还有续丝的"续"、断丝的"断"、束丝的"束"、用丝线钓鱼的"钓"、以丝线作琴弦的"乐"，以及用丝帛制成的"衣""巾"等字，它们的字形或造字本义都与丝有关，属会意字。有些如"幽""幼"，则是由丝线的细微含义引申而来。

silk yarn

三千多年前的甲骨文是世界上唯一沿用至今的象形文字，是中国文明区别于其他文明的重要标志之一。其中"蚕、桑、丝、帛"四个甲骨文字，以缠绵纠葛的造型，极其形象地表现了丝绸的悠久历史。

中国五千年的社会形态以农耕桑织为本，历代都劝课农桑。以皇帝亲耕、皇后亲桑为象征，社会分工为男耕女织，中华大地的基本图画就是耕织情景。

在作为明清中华封建帝国权力核心的故宫里，有一处被百姓称为"皇帝三宫六院"的皇后、妃嫔们生活的场所。三宫中乾清宫和坤宁宫之间的交泰殿隐含着"天地交合、安康美满"的用意，它除了作皇帝大婚的婚房和供皇后日常起居之用外，还是封建经济的基础——农耕桑织文化的重大祭祀场所。每到农历二月，皇

桑
mulberry tree

帝先要去中和殿里验看种子、农具和祝文，然后再到先农坛演耕。同样，皇后每年春季祀先蚕，也要在前一天到交泰殿里检阅采桑用具的准备情况。

不仅在明清，亲蚕近桑很久以前就是历代后妃们的一项重要功课。据《豳风广义》记载，最早是由汉景帝开始召集后宫皇后、妃嫔亲临桑事；元帝皇后成为太后后，建立了专门的蚕茧馆，率领皇后及列侯的夫人们从桑。至魏文帝黄初中，发展到皇后要亲自到郊野种桑。后来的历朝历代都无一例外地遵从《周典》，把后宫妃嫔的亲桑看做一件不能怠慢的大事，而唐玄宗更是命人直接在宫中养蚕，以便自己能够

甲骨文中的"桑"字以桑树为形，往往用做地名。先秦史籍曾记载：商代开国君主成汤在位时，七年大旱，成汤于桑林中以身祷雨，后人称为"成汤祷雨"。成汤的名相伊尹，曾是空桑之中的弃婴，被一采桑女所得。从这些文字记载可推测出商代已大量种植桑树。

目前，一些学者对甲骨文中的"蚕"字有不同的解释，他们认为那不是"蚕"字，而是"蛇"字的象形文字。其实，这些"蚕"字的构形虽有变化，但都突出表现其多环节的生理特征，是蚕的生动写照。

经常亲临视察桑织的情况。

那时候，辽阔的中国版图就顺应天意成了桑叶的形状，丝绸之路更宛若一条吐丝的春蚕。于是古罗马人干脆就用"丝绸之国"来为中国命名。

中国古代的桑蚕、丝绸生产起源于中原和山东半岛。北齐文学家颜之推仔细比较过当时南北方生产的丝绸的优劣，他说："河北妇人织纴组纫之事，黼黻锦绣罗绮之工，大优于江东也。"就是说当时北方黄河流域的桑蚕和丝绸纺织技术以及丝绸工艺水平远远在位于南方的长江流域之上。

后来由于气候的变化、战乱的影响和海上交通的形成，中国桑蚕丝绸生产在发展过程中出现了中心不断南移的倾向。

这一倾向开始于三国魏晋南北朝时期。

三国吴时，丝绸生产在江南形成了第一次高潮。丝绸产品成为供应国防、富足臣民的最重要物资，以致孙权专门颁

故宫交泰殿

布了"禁止蚕织时以役事扰民"的诏令，把丝绸生产当做国家的头等大事。孙权赏赐群臣用丝绸，给周边列强进贡也是用丝绸，光是进贡魏国的丝绸，竟达"盈路"之多。

到了秦汉时期，中国的丝绸生产明确地形成了官营手工业、城镇独立手工业和农村家庭副业三种成分并存的结构，一家一户的"男耕女织"成了中国蚕桑丝绸生产的主要形式。

汉武帝时，不仅由张骞开辟了丝绸之路，国家还实行"均输"政策，开始在部分地区以丝绸实物征税。到东汉章帝时，已明确规定，吴地谷贵，苏州地区以布帛代替租税。

## 巧技出吴闱

公元 204 年，曹操下令："其收田租亩四升，户出绢两匹、绵二斤而已，他不得擅兴发"，首创了"亩课田租，户调绢绵"的税收制度，以后这一制度一直为历代王朝沿用。

那时，北方仍沉陷频繁的战乱中，江南的社会环境则相对稳定，用丝绸纳税刺激了农民的积极性，丝绸生产的规模迅速扩大，苏州地区很快出现了"丝绵布帛之饶，覆衣天下"的盛况。

晋代左思《吴都赋》中"国税再熟之稻，乡贡八蚕之绵"十二个字，就是当时苏州农桑生产的真实写照。

与丝绸生产的繁荣相伴随，苏州丝绸产品的工艺水平也日见精巧。

妙㽵贵东庆，
巧技出吴闱。
裁状白玉璧，
缝似明月轮。

齐人丘巨源就曾用这样的诗句盛赞过苏州织女的高超手艺。

由此，我们也许会想到那场魏、蜀、吴三国争雄中著名的"赤壁之战"。当时吴国的军师周瑜一定就是戴着苏州生产的纶巾，在浩瀚汹涌的长江上，凭借东风，在谈笑之间，让曹操的几十万水军樯橹灰飞烟灭的吧！

在龙飞凤舞的战国丝绸、飞云流彩的秦汉织锦形成的中国丝绸发展的第一次高峰时期，苏州织女和绣娘的高超技艺已不仅仅名闻全国，而且还声播海外。

公元306年、360年、470年，在持续近两个世纪的时间里，日本就多次派遣使者越洋渡海，到苏州从事丝绸贸易，购买织机，并聘请大量的苏州织工、绣娘和裁缝到日本教授丝织技术。

## 吴门转粟帛，泛海凌蓬莱

《大唐六典》《元和郡县志》等文献中都记载，自唐贞元以后，江南道的丝绸贡品花色最多，数量最大，除了进献白编绫、吴绫等大宗产品外，还进奉红纶巾、宝花罗、文吴绫、吴朱纱、御服鸟眼绫等绚丽珍稀的丝织物数十种。

这时中国丝绸生产中心加速南移至江浙和巴蜀一带，特别是在苏州，"吴中一年蚕四五熟，勤于纺绩"，技术水平在全国也处于领先地位。

到唐德宗李适执政时，"江南两浙转输粟帛，府无虚日，朝廷赖焉"，江南成为了朝廷征收丝绸的主要地区，所以韩愈曾感叹道：

赋出天下，而江南居十九。以今观之，浙

泰伯像

泰伯墓

东西又居江南十九，而苏、松、常、嘉、湖五
郡又居两浙十九也。

苏州贡品中，丝葛、丝绵、绯绫、八蚕丝已成为极品，
深受王公贵族的喜爱。唐玄宗李隆基就对吴郡进奉的方纹绫
赞赏不已。诗人杜荀鹤曾在苏州亲见"夜市卖菱藕，春船载
绮罗"的繁荣景象，诗人杜甫虽然没有到过苏州，但他也在
传说和想象中热情讴歌着苏州"吴门转粟帛，泛海凌蓬莱"
的丝绸贸易盛况。

在随后的五代十国，苏州所属的吴越国处在东南一隅，
只拥有浙北苏南的部分地区，领地在十国中最小，但却是最
安定的国家。

社会环境的安定使得桑蚕生产继续快速发展，丝织品花
纹图案种类已经数不胜数，有"天、人、鬼、神、龙、象、

宫殿之属，穷极巧妙，不可言状"。

丝绸的产量也很可观，仅据《册府元龟》记载，就有吴越国忠懿入贡的锦绮28万余匹，绢78万余匹；苏州的吴主杨溥进贡绫罗锦绮千匹；苏州节度元缭进贡金银锦绮御服犀带已达数千件，仅贡绫绢就已多达7千余匹。

## 锦衣已换江南色

### 苏州丝绸博物馆

苏州丝绸博物馆是我国第一座丝绸专业博物馆。博物馆馆舍是一座既有现代气派又和江南古城风貌相协调的艺术建筑，大楼入口，浅灰色富有丝绸飘逸感的油线墙面上，高悬着采桑女、浣纱女、织绸女三尊汉白玉雕像，整个建筑和装饰风格清新典雅。

该馆筹建于1985年，1991年9月正式对外开放。全馆占地面积9410平方米，建筑面积5325平方米。

该馆现收藏文物15500余件，有古代传统丝绸纺织机具39件，两汉、唐、宋、明、清丝绸残片182块，古代丝绸文物、服装53件，缂丝、织绣13件，商代、战国、西汉、东汉和唐代丝绸珍品文物复制匹料，明代织绣袈裟复制品，清代耕织图瓷尊等。

该馆设有序厅、古代馆、蚕桑居、织造坊、近代馆、现代馆、明清一条街—绸庄等陈列厅及活动场所。

我们先来看看《宋会要·食货志》记载的这组数据：

北宋时期，每年全国上贡的丝织物中，罗为106181匹，其中两浙路为69654匹，占66%；绢为2876105匹，其中两浙路为1058052匹，占37%；绸为486744匹，其中两浙路为124285匹，占27%。各种上贡的丝织品合计，两浙路占到全国的三分之一以上。

苏州、杭州和成都成为闻名全国的三大织锦院所在地。

但是，宋神宗时，成都织锦院仅有机房 11 间，织机 154 台、织工 583 名，年织锦 1500 匹；而在宋徽宗时的苏杭织造局，竟有 9000 多名工匠在为宫廷生产绸缎。

随着宋朝皇室不敌金国的入侵而迁都杭州，北方人口开始成建制南移，经济重心也一并南移，在北宋王朝的二十四路中，两浙路就自然成为进贡丝绸最多的地区。

1978 年，苏州在整修盘门瑞光寺塔时，发现了五代末北宋初的一批文物，其中最为引人注目的又是刺绣丝织经袱和经卷丝织缥头。

著名的苏州宋锦就产生于这一时期。宋锦色调深沉，高雅古朴，除供服饰应用外，还用于书画装帧和缂丝等许多工艺领域。南宋苏州名家沈子番、吴子润等人的缂丝作品，当时已经价值连城。

1964 年，苏州吴县盘溪小学内又发现了张士诚母亲曹氏的墓葬，出土了大批随葬的锦、缎、绸、绫、绢质地的衣物被褥。图案有梅竹菊花纹、枝栖喜鹊纹、凤戏牡丹缠枝花纹等，都是极其精美的丝绸制品。

这已经是元代苏州的丝绸工艺品了。

古代馆以珍贵的文物模型、资料展示了新石器时代晚期丝绸的起源直到明清时期的丝绸史。蚕桑居是根据近代农家养蚕栽桑的情景模拟的展点，显现了浓郁的乡土气息。织造坊陈列各种类型的古织机，并有现场手工操作表演。

近现代馆展示了民国时期苏州丝绸的精湛技艺、服饰变异、国际获奖产品以及新中国成立以来苏州丝绸工业的发展技术的进步、苏州丝绸的国际地位。

明清一条街—绸庄陈列厅为明清时期苏州绸缎庄集中地的缩影，富有传统的苏州地方风味。

苏州丝绸博物馆
反映丝绸发展史的长廊

苏州丝绸博物馆藏品

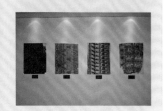

张士诚何许人也？他的母亲为何能享此殊荣？张士诚是元末割据江浙一带的武装首领。元至正十三年（公元1353年），张士诚率领盐丁起义反元，渡江南下，定都平江，就是今天的苏州，改平江府为隆平府，自称吴王，建国号大周。十三年后为朱元璋所灭。

明军破苏州城时，大规模开仓放粮，并把张士诚聚敛的大量绫罗绸缎广施民众，据说"纵宫人数百于民间，开府藏，……出彩帛十三库，散之城中父老"。

"苏州产丝盛饶，以织金锦及其他织物"。这是马可·波罗在他的游记中写的话，准确地描述了元代江南丝绸生产的实况。

元和十七年（公元1280年），元政府在苏州城内平桥南建立织造局，遣官督理，有织机数百台，工匠数千人。这些被唤做"巧儿"的工匠，用自己的汗水把无数精巧的技艺织进了专供王公贵族享用的金锦里。

与官方织造局不同，民间丝绸业更是随势而起，以灵活

苏州丝绸博物馆内
明清一条街

多变的市场元素进行配置。元贞元年（公元 1295 年），苏州已经在玄妙观内建立了吴郡机业公所，用所产的五色缎大举占领全国市场，同时强劲地向海外远销拓展。

　　元朝以后丝绸生产重心的完全南移，就像一整片银光闪烁的黎明飘到了大江南岸，一个五彩云霞般喷薄而出的黄金时代就要降临苏州。

瑞光塔

太湖明月

第 二 章

# 一城明月，半城机声

明中叶的苏州城，有十几万人从事与丝织相关
的行业。每当夜晚来临，与一轮明月相伴的除了城
西富商大贾们纵情声色的评弹昆曲，就是万千织女
在城东回应起的一片辛劳的织机声。

苏州的丝绸就像满盈不绝的春水，通过江海溪
流汹涌渗透到中华版图的每一寸土地，在神州大地
上漾动起了一片江南的色彩。

## 苏湖熟，天下足

"上有天堂，下有苏杭"这句话是在宋代开始流行的，
那时的长江三角洲丰饶得就像一个巨大而殷实的粮仓，被人
们夸张地认为"苏湖熟，天下足"。

但苏州真正被五彩的丝绸所刷新，真正迎来自己的黄金时代却是在明清时期。

明清的苏州进入了封建经济文化的全盛时期，丝绸生产和贸易盛开出了这片沃土上最绚丽眩目的花朵。

早在唐朝初年，江东节度使薛兼训就曾以重金密命军士将北方纺织技术高超的妇女娶回南方，用以提高南方丝织业的水平。如果说那个时候，苏州的丝绸生产技术和先进的北方还有差距的话，那么到了明清，苏州织造则完全代表了国家水平。

明朝官府除了在北京和南京分设"两京织染"以外，还设立了一系列的地方织染局，后来声名显赫的苏杭的织造局就是在那时设立的。

明初洪武元年（公元 1368 年）开设的苏州织造局，位于市区天心桥东面，有房屋 245 间，织机 173 张，额定岁造上用绸缎 1534 匹。

织造局还承担着大量的临时差派任务。像天顺四年，苏、

出产优质蚕丝的苏州乡村

**清织造署旧址**

苏州织造署分南北两处，共设织机 800 台，额设匠役 2602 名。匠役的分工更为细密，有所官、总高手、高手、管工、管经纬、管圆金、管扁金、管色绒、管段数、管花本、管料、拣绣匠、挑花匠、倒花匠、折段匠、结综匠、烘焙匠、画匠、看堂小甲、看局小甲、防局巡兵、花素机匠等各色名目 22 种之多。

官营丝织手工作坊细密的分工，促进了各种工艺的精工细作，加速着中国丝绸织造技术的发展成熟，同时这种组织结构的完备也提高了工业生产的管理水平，代表着当时丝绸生产的最高技术水准。

松、杭、嘉、湖五府，就在常额外增造彩缎 7000 匹；弘治十六年（公元 1503 年），苏、杭两局曾增织上贡锦绮 24000 匹。如此重大而辉煌的临时任务常常会比额定的数量高出几十倍。

织造局是皇家派驻地方督造宫廷用绸的管理机构。清代沿袭明代"江南三织造"的旧制，除在北京设立织染局外，全国只在苏州、杭州、南京三处设织造署。

清代的苏州织造署在"江南三织造"中，不仅比江宁（即南京）和杭州织造署的规模大，形制也最为宏伟，已远远超过了普通官府的地位。

苏州织造署还因多次作为乾隆下江南的行宫而一直笼罩着一层神秘的面纱，后来有了《红楼梦》的描写，才使人们多少窥探到了其中的一些风物人情。曹雪芹笔墨的可信之处，是因为他的祖父曹寅和舅祖李煦曾先后担任过苏州织造的职务，亲自接待过皇亲国戚。

苏州十中
（苏州织造署旧址）

苏州织造署内的瑞云峰

　　走进今天苏州第十中学内的苏州织造署旧址，织造署的大堂仍然跃过时空，在我们的面前矗立起一片历史的沧桑；康熙二十三年（公元 1664 年）兴建的行宫中心区的西花园多祉轩也旧貌依稀，布满时光创洞的瑞云峰静静地占据着我们的视线，像一个不死的灵魂刻录着这座皇家官署当年的尊崇与奢华。

　　关于这峰江南名石，本书结尾时还要提到它，因为它的传奇经历如何一个象征，仿佛锦上姑苏的命运一样。

## 一城明月，半城机声

与明清时期官营织造的皇家计划经济不同的是，民间的丝绸工业则主动适应着市场的需求，以市场为杠杆自由地消长。

绫锦纻丝纱罗绸绢，皆出郡城机房，产兼两邑，而东城为盛，比户皆工织作，转贸四方，吴之大资也。

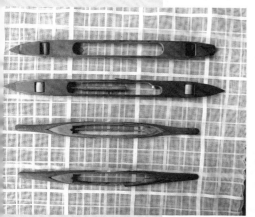

织梭

丝扣

织机：南宋最先进的织机有1800多个活动部件，其中有的技术是现代化织机也无法达到的。

制版机

纺车

缫丝机

这是明朝嘉靖年间（公元 1522 年—1566 年）《吴邑志》记载的明中叶时苏州东北半城专业丝绸生产区域的景况。

延续到清代的乾隆盛世，苏州仍然"郡城之东，皆习机业"。

除了织造丝绸外，结综掏泛、捶丝掉经、牵经接头、挑花上花等众多辅助行业也在东北半城盘结。"织作在东城，比户习织，专其业者不啻万家"，有十几万人从事与丝织相关的行业。

丝绸生产区域的自然集中，方便了行业间的信息、原料交流和竞争，形成了类似于今天现代工业中的产业链。

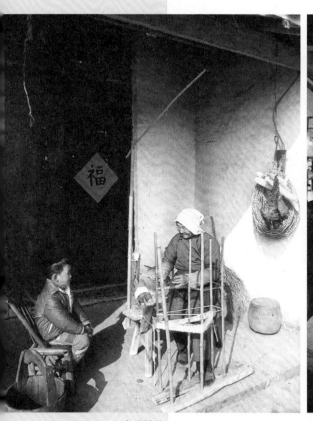

土法摇丝

生丝变熟丝

上浆

拆洗回收旧丝

街头兜售生丝

染丝

苏州的丝绸店铺

## 姑苏生富贵

乾隆二十四年（公元 1759 年），苏州画家徐扬绘制了长12.55 米的巨型纪实图画——《姑苏繁华图》（又名《盛世滋生图》）。以恢宏的气势，形象地反映了苏州城市从阊门经山塘到木渎一线商贾麇集、商店林立、商品云屯、贸易繁盛的景象，以真实的场景写尽了盛世姑苏的繁华风貌。

这幅图画与"东北半城，比户习织，不啻万家"的丝绸生产盛况相对应，是一幅苏州"商贾多聚以西城"的贸易地图：

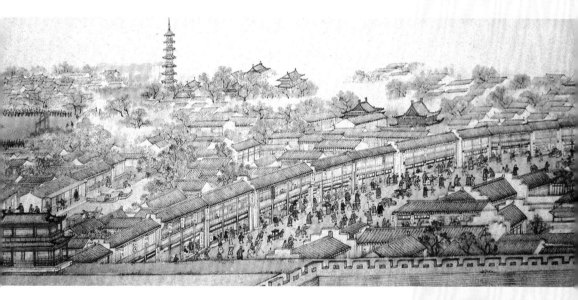

《盛世滋生图》

娄门、平门附近，"家杼轴而户篆组"，忙于丝绸织造；"金（门）、阊（门）一带，比户贸易，负郭则牙侩辏集"，史称"吴阊到枫桥，列肆二十里"，"四方商人，群至此间购办"。

事实上，唐朝诗人、苏州刺史白居易早在千年之前就领略过苏州织造的神光异彩，他在开创了山塘街七里繁华梦境后，还要意犹未尽地吟唱：

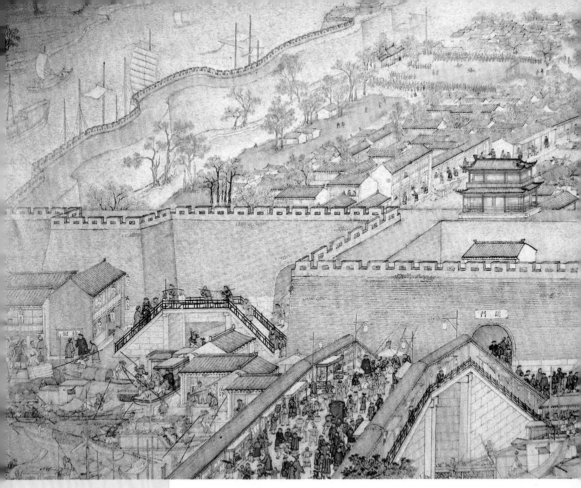

《盛世滋生图》阊门局部

画面中的"阊门内外，居货山积，行人流水，列肆招牌，灿若云锦"，仅标出有市招的店铺就达230多家，涉及50多个行业。其中最引人注目的是丝绸业的店铺与行庄多达14家，最大的一家有七间门面，还有一家二层楼五间门面，可以想见其资本的雄厚与规模的巨大。

缭绫缭绫何所似？不似罗绡与纨绮。

应似天台山上月明前，四十五尺瀑布泉。

中有文章又奇绝，地铺白烟花簇雪。

……

去年中使宣口敕，天上取样人间织。

织为云外秋雁行，染作江南春水色。

……

众所周知，商品生产和交流本来就是不可分割的两个方面。明清时期的苏州既然是中国丝绸生产的中心，那它必然同时也就成了全国丝绸的集散和贸易中心。

在当时苏州西城市场上销售的种类繁多的丝织品种中，除了苏州的特产纱缎以外，还有远近各地的特产：震泽绸、濮院绸、湖绉、宁绸、杭罗、山东沂水茧绸等，一应俱全。

山塘老街

阊门小吃摊

阊门赌场

阊门演戏

银元贩子

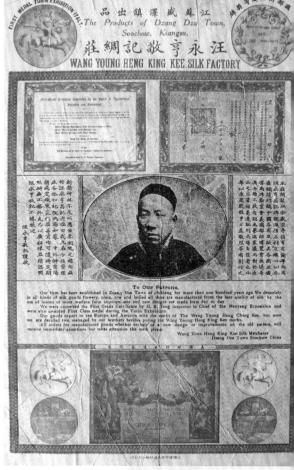

盛泽丝绸在意大利都灵
获得的最高金奖奖状

　　仅据已经发现的碑刻资料记载，苏州经营丝绸的著名绸缎庄，康熙十六年（公元 1677 年）有 19 家，雍正十二年（公元 1734 年）升至 61 家，到乾隆以后便多到不可胜数的地步。

　　那时的苏州城，每当夜晚来临，与一轮明月相伴的除了城西富商大贾们纵情声色的评弹昆曲外，就是万千织女在城东回应起的一片辛劳的织机声。

## 神州遍着江南色

苏州作为全国最大的丝绸生产贸易中心，自然产生了许多坐地的大贾，而苏州四通八达的水路交通网又是如此便利地吸引着八方的行商。

明代有一本为科举应试的考生和出外经商的人士编写的叫《士商要览》的书，书中列出了全国水陆行程图一百条路线，其中有六条以苏州为起点，还有十多条以苏州为必经之途，充分说明了苏州成为全国商贸中心的自然条件。

清代纳兰常安就在其《宦游笔记》卷十八中形象地记载了当时坐贾行商们进行繁忙交易的盛况：苏州交通便利，"为

缫丝车间

缫丝

纺丝

盛泽东方丝绸市场

水陆冲要之区，凡南北舟车，外洋商贩，莫不毕集于此。……绸缎纱绮，于苏大备，价颇不昂；若赴所出之地购之，价反增重，货且不美"。

这些水陆要冲中最著名的当属京杭大运河。

京杭大运河，在古代被称为"御河"，即皇家专用河，主要运输皇粮及贡品。它南起杭州，北达北京，全长千余公里，从公元前六世纪开始修建，直到公元 1283 年才完工。

运河两岸，尤其是长江南岸的广大地区，本来就拥有肥沃的土地和温润的气候，加之由运河勾连起来的完美的灌溉系统，使得太湖流域成为了举世闻名的鱼米之乡。

一到春暖花开的时节，运河两岸的大地便进入美的巅峰时刻：大地被

京杭大运河示意图

大块大块的桑园和油菜花所编织，人的视野便终日涌动着无边的绿水和金色的花浪。

当此时，京杭大运河也就如同今天的京沪铁路一样吧，它宛若一位威武的英雄，打破了水乡女儿国的寂静，让她们敞开了所有的桥洞、巷口和院门，以风情万种的姿势迎接着各路英豪的激流荡涤。

据王士性的《广志绎》记载：陕西一带，"绸帛资于江浙"；河间府"贩缯者至自南京、苏州、临清"；偏处五边的宣府镇中，"贾店鳞比，苏杭罗缎铺各行交易，铺沿长四五里许"；西南诸省，"虽僻远万里，然苏杭新织种种文绮，吴中贵介

京杭大运河

运河边一群做针线的妇女

运河灌溉区古老的中国木制
链式人力抽水泵

江苏荆江浦附近大运河上的
关闸。过往船只利用闸门两
边水位的落差由两岸的绞盘
牵引过关。当时，大运河沿
线虽然有沪宁铁路，但大多
数保守的农民仍然愿意乘船
花费30多个小时完成从上海
到南京的路程

京沪铁路通车以后，大运河失去了往日的尊崇，变得淤泥充塞。图为一家美国公司正准备疏浚大运河，以重新发挥它的航运功能

古代的中国航海家认为，有时破帆比完整的帆更利于航行，这种观点得到了许多国家有经验的航海者的认同。大运河的苏杭段修建于公元前180年，沿岸经过许多美丽的石桥、古塔和牌坊。运河船上的船帆被形容成"四分之一是布，四分之一是洞，还有一半是补丁"

未披，而彼处先得"。

明人张翰也说："江、浙茧、丝、绵之所出，四方咸取给焉，虽秦、晋、燕、周大贾，不远数千里而求罗绮缯帛者，必走浙之东也。"

苏州的丝绸就像满盈不绝的春水，通过江海溪流汹涌渗透到中华版图的每一寸土地，在神州大地上漾动起了一片江南的色彩。

那时的苏州大约就像今天的上海一样，作为长三角的中心和枢纽，在独享自己尊崇的同时，也把自身的光华辐射到了周边的市镇群上。

比如沐浴着苏州光辉的盛泽镇，康熙年间也已商贾云集，"四方大贾辇金至者无虚日，每日中为市，舟楫塞港，街道肩摩"，繁华和喧闹得简直就像一个郡县。而到了乾隆时，更是"绸绫罗纱绢不一其名，京省外国悉来市贸"，镇上"商贾辐辏，烟火万家，百倍于昔"，规模和气象已经和大都会没有什么区别了。直到今天，盛泽镇也仍然被誉为"中国绸都"。

那时的苏州一定也像一个巨大的摇篮和温床，川流不息的商人在其间生息，千奇百怪的商品在其间贸易，四面八方的风俗在其间交融，南来北往的文化在其间碰撞，几乎具备了一个城市发展膨胀成一个大都市的全部条件。甚至在当时就有人看出了，即便是皇都，在某些方面也赶不上苏州的繁华。

譬如乾隆时吏部尚书、协办大学士孙家淦，在陪皇上南巡后，就在《南游记》中这样写道："上自帝京，远连交广，以及海外诸洋，梯航毕至"，"居货山积，行人流水，列肆招牌，灿若云霞，语其繁华，都门不逮"。

## 绸商沈万三：富贵直逼潘金莲

《金瓶梅》第三十三回中，潘金莲说过这样一句谚语："南京沈万三，北京枯树弯，人的名儿，树的影儿。"意思就是说，人的出名不过就像沈万三那样。

沈万三的一生经历了极端的大起大落，饱尝了罕见的大喜大悲。他是个商人，成功到江南首富，富可敌国。但他又是一个具有政治野心的商人，野心大到拉拢皇族，和皇帝比富，结果也就注定会失败到家破人亡的绝境。

沈万三本来是浙江南浔人，元中叶时，他的父亲沈佑举家迁到了苏州周庄。因其在家中排行老三，所以苏州人称其为沈万三。他的父亲在周庄以农耕桑织起家，掘下了第一桶金。

到万三时，他依靠这笔原始资本，一方面继续屯田聚财，同时把周庄作为商品贸易与流通的基地，利用周庄白蚬江西

周庄沈厅

接京杭大运河、东接浏河也就是郑和七下西洋的起锚地的便利，大胆地把苏嘉杭一带的丝绸、陶器、茶叶等物品大量运输到海外，通过"海上丝绸之路"进行贸易，才使自己迅速成为了"资巨万万，田产遍于天下"的江南第一富豪。

沈万三富可敌国以后，自然要寻求人生的新发展，他开始接近权贵，企图向政治靠拢。他先是资助张士诚在苏州建立短暂的大周政权，得到了张士诚的回报，为他树碑立传。

用金钱开道，初试即爽的成功激发了沈万三更大的政治野心。明初，朱元璋定都南京，财力空虚，终于让沈万三找到了可乘之机，他主动捐资修筑了都城三分之一的城墙。朱元璋也象征性地封他的两个儿子为官。

但是，他未能在凶险的政治局势面前适可而止，反而被野心冲昏了头脑，开始了风险更大的搏击，不可逆转地一步步走向了悲剧的深渊。

明洪武六年（公元 1373 年），恃财轻狂的沈万三提出由自己出资来替皇上犒劳三军。朱元璋一听顿时龙颜大怒："匹夫犒天子军，乱民也，宜诛。"后来有大臣进谏说，这样的不祥之人杀了会天降灾害，才救了他的性命，他被改判流放云南边防充军，惨死在瘴气冲天的边陲。

身为商人的沈万三确实难以想到，他的豪富、他的慷慨是多么深地伤害了皇帝，他更不可能意识到自己主动伸到朱元璋面前的橄榄枝其实已使帝颜失色、皇心受辱。朱元璋怎能不怒火中烧？"普天之下，莫非皇土"，你一个小小商人凭什么在天子面前炫耀摆阔呢？

后来沈家遭受的接二连三的打击就更加顺理成章，因为这是与皇家结仇的必然结果。

明洪武十九年（公元 1386 年）的春天，沈万三的两个孙子沈至、沈庄先后因逃避赋役而入狱。沈庄当年就死在牢中，沈家几代人苦心经营的庞大基业从根本上被毁坏了。

明洪武三十一年（公元 1398 年），沈万三的女婿顾文学因夺人之妻，被仇家告发，牵带出洪武初年沈万三长子沈茂曾与叛臣凉国公同谋之事。沈茂和顾文学被发往辽阳充军，沈万三曾孙沈德全等六人被凌迟处死，沈氏家族有八十多人被杀。这次打击使沈万三家族彻底走向了衰亡。

历史学家吴晗曾说："苏州沈万三一豪之所以发财，是由于做海外贸易。"

是的，正是当时苏州以丝绸为主的海外贸易高度发达的大背景，成就了沈万三的天下巨富。诚然，也正是他的天下巨富导致了他的传奇人生和悲剧命运，不过这是另外一个话

周庄的标志——双桥

题了。

当时，苏州的丝绸不仅遍销全国各地，还是对外贸易中最主要的货品，深深吸引着众多的海外客商。

顾炎武在《天下郡国利病书》中说："凡南北舟车，外洋商贾，莫不毕集于此"，南洋各国，"皆好中国绫罗杂缯，服之以为华好"。

日本的丝绸也仰赖于中国，"取去者其价十倍"，苏州民间商贩甘冒"枷号""杖责""徒三年""发边卫充军""船只货物俱入官"等种种严刑苛罚，经常装载"纺丝、绫丝、䌷丝等价值万余两货物"，东渡日本，经商贸易。

朝鲜人也以穿着中国丝绸为荣："对中国丝织品素表欢迎，其输入品从前为苏州之宫纱、官纱、亮纱、纺绸、罗素、板绫、库段等，每年约数万匹。"

## 胡雪岩：红顶商人的丝绸"滑铁卢"

在中国，同样流行着另外一个豪商巨贾的传奇，那就是红顶商人胡雪岩的故事。他的发迹、发达早已经家喻户晓，但是他的惨败，他的破产和他商人生涯的最后"滑铁卢"一战恐怕就没有多少人了解了。

那同样也是由丝绸造成的大起大落的人生。

吴晓波发表在《第一财经周刊》上的《胡雪岩是怎么破产的》一文详细披露了近代商业史上这一千古商战的空前悲壮和一个商业帝国的崩溃过程：

近现代商业史上，第一场中外大商战发生在 1884 年，主角是当时首富胡雪岩，结果是他倒掉了。

胡雪岩活着的时候，就已经是一个传奇了。他靠为左宗棠采运军饷起家，在短短二十年内一跃成为全国首富。他还

富裕的江南是以鱼米和丝绸为标志的

是清朝三百年间唯一一个被赐穿黄马褂的商人，被认为是五百年才出一个的商业奇才。在 1882 年，早已名满天下的胡雪岩面临事业上的一次重大抉择。他手握 1000 万两以上的白银，对于是去办洋务还是倒卖生丝，竟一时踌躇。

胡雪岩对洋务并不陌生，1868 年左宗棠创办福州船政局的时候，所有购买外商机器、军火事务便都是由他一手操办的。在福州的中国船政博物馆，进门就可见三尊铜像，分别就是左宗棠、沈葆桢和胡雪岩。胡雪岩显然看到了洋务事业的巨大"钱途"，1882 年 1 月，他给恩公左宗棠写信，表示愿意出资独力建设长江沿岸电报业，他说自己为此可动用的资金在 1000 万两以上，这在当时几乎可以买下李鸿章过去十年辛苦所办的全部洋务企业。可是，最让胡雪岩费思量的却是官场上微妙的人事格局。左宗棠与李鸿章是政治上的死对头，当时主管洋务的却是李大人，这让深谙官场门道的胡雪岩十分迟疑。

办洋务，商业前途大好却官场头绪难解，第二条路就是倒卖生丝。自晚明以来，江浙一带就是全国纺织业的中心，所谓"日出千绸，衣被天下"，在后来的历史教科书上被认定是"近代资本主义的萌芽之地"。１９世纪６０年代之后，江南丝商面临重大危机。当时，英美各国开始在上海开设机械缫丝厂，西方"工业革命"的技术创新就是从纺织业开始的，所以，中国传统手工缫丝的生产效率和质量根本无法与机械缫丝竞争。洋商为了进一步掠夺中国的廉价劳动力和原料，垄断蚕丝出口市场，拼命压低生丝价格，抬高厂丝价格，从中攫取暴利。1868 年，生丝每担市值白银 517 两，到 1875 年，每担价格已下跌至 285 两，8 年后，更暴跌至 200 两。兴旺百年的江南纺织业迅速没落。

目睹此景，胡雪岩认为商机浮现。缫丝产业蒸蒸日上，而作为原材料的生丝却价格日跌，这是一种极其不正常的现象，据他的观察，主要原因是华商各自为战，被洋人控制了价格权。因此，他决定靠自己的财力，与之一搏。另外，还有资讯显示，在过去的两年里，欧洲农业遭受天旱，生丝减产。

正是基于这些判断，首富胡雪岩出手，高调做庄。百年企业史上，第一场中外大商战爆发了。

1882 年 5 月，胡雪岩大量购进生丝 8000 包，到 10 月已达 1.4 万包，见丝就收，近乎疯狂。与胡雪岩同时代的晚清学者欧阳昱在《见闻琐录》中详细记录了这场商战的惨烈景象：其年新丝一出，胡即派人大量收购，无一漏脱，外商想买一斤一两而莫得，无可奈何。向胡说愿加利一千万两，如数转买此丝，胡非要一千二百万两不可。外商不买，过了数日，再托人向胡申买，胡坚持咬定此价。外商认为，生丝原料仅操纵在胡雪岩一人之手，将来交易，唯其所命，从何获利？决心不买胡之生丝，等待次年新丝出来再说。胡雪岩则邀请丝业同行合议：共同收尽各地生丝，不要给外商，迫外商出高价收购，这样华方必获厚利。

一开始，胡氏战略似乎奏效了。西方学者斯坦利在《晚清财政》一书中记录，1882 年 9 月，上海一级生丝价格已高涨至 17 先令 4 便士，而在伦敦交易所的价格仅为 16 先令 3 便士。国内价格反超国际期货价。到 1883 年 8 月，大商战进入决战时刻，胡雪岩前后已投入资金超过 1500 万两，他继续坚壁清野，囤货坚挺，大部分上海丝商停止营业，屏气而作壁上观。华洋双方都已到忍耐极限，眼见胜负当判，谁知"天象"忽然大变。

变数之一，欧洲意大利生丝突告丰收，欧洲期货市场的紧张局势顿时暂缓，消息传回中国，军心开始动摇。

更大的变数是，中法因越南问题交恶，爆发战争。1883

年10月，法国军舰驶抵上海吴淞口，扬言进攻江南制造局，局势紧张，市民纷纷提款迁避，市面骤变，金融危机突然爆发。外国银行和山西票号纷纷收回短期贷款，个人储户也紧急提现。钱庄逼账"急如星火，沪上商局大震，凡往来庄款者皆岌岌可危；虽有物可抵，有本可偿，而提现不能。钱庄之逼，一如倒账"。一般商品无不跌价30%至50%，所有房地产都难脱手，贸易全面停顿。

世事如此，胡雪岩已无力回天。11月，江浙丝商的价格同盟瓦解，生丝易烂，不能久储，胡雪岩不得不开始抛售，价格一路狂泄，损失以千万两计。生丝对搏失利，很快影响到"坚如磐石"的钱庄生意，民众排队提款，一些与胡雪岩不和的官员乘机逼催官饷，可怕的挤兑风潮出现了，先是杭州总舵关门，继而波及北京、福州、镇江以及湖北、湖南等地的二十多家字号，到12月5日，阜康钱庄宣告破产。

第二年9月，左宗棠病逝于福州。11月，朝廷下令对胡雪岩革职查抄，严加治罪。胡雪岩遣散姬妾仆从，在圣旨到来之前，就非常"及时"地郁郁而死了。他的棺木被一老仆埋于杭州西郊鹭鸶岭下的乱石堆中，一直到整整一百年后，才被人偶然发现。

"红顶商人"以一种无比莽撞和壮烈的方式挑战英美纺织公司，这应该是传统商业力量在技术和工业模式都处于绝对劣势的前提下进行的一次绝地式反击。胡雪岩的破产，宣告了传统商人阶层的集体败落，"三大商帮"中的两支——徽商和江浙商人在此役中损失惨重，从此一蹶不振，萌芽于晚明的纺织业彻底崩盘。

## 马尼拉大帆船

16 世纪 80 年代以后，经常有一种挂着巨帆的大船在南中国海上显眼地航行，那就是 Manila Galleon——马尼拉大帆船。它们经常满载着中国的商品，横渡太平洋，前往墨西哥。

这就是太平洋海上丝绸之路。它是由西班牙的马尼拉当局开辟的运输中国生丝、丝织品、棉布、瓷器等商品远行墨西哥的航路。这条丝绸之路与以往的海上丝绸之路迥然不同的是，它不再局限于东北亚或东南亚，而是越过大半个地球，由亚洲走向了美洲，并开始了驰名于世的、持续了两百多年的大帆船贸易。

马尼拉大帆船定期在大洋彼岸的墨西哥港停靠，再转到秘鲁，然后经秘鲁远销到阿根廷、智利和南美大陆其他地区，到达中美洲和加勒比海一带。生丝与丝织品在墨西哥、秘鲁、巴拿马、智利等南美洲海岸处处成了抢手货，直接导致了西班牙美洲殖民地以本地蚕丝为原料的丝织业的衰落。

西方的史学家因此评论说：“在墨西哥的西班牙人，当无拘无束地谈论菲律宾的时候，有如谈及中华帝国的一个省那样。”

那时，绚丽多彩的中国丝绸被拉美人誉为“春天”，殖民地贵族竞相以穿戴中国丝绸为荣，就连一贯唯我独尊的教会僧侣也争相使用中国丝绸制成的法衣和教堂饰物。

海上丝绸路上的古帆船

西班牙殖民者虽然可以凭借武力征服拉丁美洲和菲律宾，但对中国丝绸占领自己的市场却束手无策，为了平衡贸易，只好向中国输出金贵的白银。

还不仅仅是西班牙，当时与中国进行贸易的所有新兴的欧洲工业强国，无一例外地都处于贸易逆差之中，而晚明的中国则始终处于贸易顺差，坐收来自五洲四海的滚滚白银。

　　因为这种贸易的主角是中国的丝绸，因此西方学者把它概括为"丝—银"对流。

　　以葡萄牙为例，它从澳门运往果阿、里斯本的中国商品有生丝、丝织品、黄金、水银、麝香、朱砂、茯苓、瓷器等，其中数量最大的是生丝；而它从里斯本、果阿运回澳门的商品有白银、胡椒、苏木、檀香等，其中数量最大的是白银。

　　法国年鉴派大师布罗代尔曾在他的巨著《15 至 18 世纪的物质文明、经济和资本主义》中描述道："美洲白银 1572 年开始一次新的引流，马尼拉大帆船横跨太平洋，把墨西哥的阿卡普尔科港同菲律宾首都连接起来，运来的白银被用于收集中国的丝绸和瓷器、印度的高级棉布，以及宝石、珍珠等物。"

　　而德裔美国学者弗兰克在其震动国际学术界的著作《白银资本》里就分析得更为深刻了："外国人，包括欧洲人，为了与中国人做生意，不得不向中国人支付白银，这也确实表现为商业的'纳贡'"；"'中国贸易'造成的经济和金融后果是，中国凭借着在丝绸、瓷器等方面无与匹敌的制造业和出口，与任何国家进行贸易都是顺差"；"16 世纪的葡萄牙、17 世纪的尼德兰 ( 荷兰 ) 或 18 世纪的英国在世界经济中根本没有霸权可言"；"在 1800 年以前，欧洲肯定不是世界经济的中心"。

　　1571 年至 1821 年间，从美洲运往马尼拉的白银共计 4 亿比索，其中至少有二分之一流入了中国。在十六世纪中期到十七世纪中期那一百年间，中国通过"丝—银"贸易获得了世界白银产量的四分之一至三分之一，创造了中国贸易史上从未有过的辉煌。

身着丝绸和服的日本人

## 姑苏由此繁华

我们知道，中国一直是个缺少黄金、白银这种硬通货的国家。明清的海上丝绸贸易，不仅直接换回了宝贵的白银，满足了国库的储备，而且丝绸在当时可以代币，可以直接用以纳税，这就更使得丝绸如同黄金、白银本身一样珍贵。

近年来，李伯重、彭慕兰在《江南的早期工业化（1550—1850年）》《大分流：欧洲、中国及现代世界经济的发展》等研究成果中得出了一个科学的结论：在欧洲工业革命发生以前，中国江南的经济水平是领先于欧洲的，至少并不比欧洲落后。

为明清时的中国换回了大量白银的出口商品——生丝、丝织品、棉布、瓷器等，主要产自东南沿海地区，尤其是太湖流域，苏州织造的精美丝绸更是占有举足轻重的地位。

可以毫不夸张地说，当此时，只要一个意大利或法国女子买了一套丝绸套装，那么在遥远的中国，很可能苏州的某一个农耕桑蚕之家就会获得一份收入。

美国记者韦·罗伯特·莫尔曾描写过 1930 年代广州港繁忙的海外贸易情形：岸边的码头，那从前排列着鼠洞遍布的房屋的泥泞小道，现在成了一条铺设齐整的宽阔的大街，两旁林立着八九层高的旅店，百货公司、商贸行和最新的海关大楼。你不得不选择你抖落雪茄烟灰的地方，因为人们喜气洋洋，一手端着一碗酱油，另一只手里抱着一匹做工精细的刺绣。

锦上的姑苏在明清时代的中国，无异于一盏耀眼的明灯，熄灭了它，整个南方都会因此失色。因为它不仅是水的首都，大地的粮仓，同时还是鱼类的故乡和桑蚕的摇篮。

海上丝绸路的开辟为中国的经济发展提供了强大的动力。当时苏州市场上外币与本位币完全并行流通，充分显示了苏州的国际性地位。而即使在今天的上海，这一点也没有实现。

日本学者宫崎市定由此认为："苏州商业之所以日臻兴盛，可以说是由于徽州商人将该地的丝绸作为大宗商品向外输出，同时把外国商品输入而聚集于苏州之故。"

丝绸的生产贸易变更和重组了苏州的社会结构，引发了生产关系的深刻变化，催生了中国最早的资本主义萌芽，使苏州从一个东南小郡一跃成为明清中国江南经济文化的中心和第一大都会。

这种盛况一直延续到慈禧太后时代。西方列强们用船坚炮利的洋船载来了源源不断的鸦片，才又把那些失手的白银重新抢掠回去，才又把国人做了很长时间的银光闪烁的美梦，变成了病入膏肓的回忆。

河流和丝绸织造的城市

第 三 章

# 锦绣成城

丝绸同时在苏杭兴盛，但是在苏州，它还发展出一种延续至今的独特艺术——苏绣。如果说历史上还有苏州盖过杭州的时候，那么苏绣确实为丝绸包装着的苏州起到了锦上添花的作用。

那时的苏州，每两周生产的丝绸织品，就能铺展出一条从长安到罗马的丝绸之路。在某种意义上说，苏州城的版图是由河流和丝绸织造出来的。

## 河流和丝绸织造的城市

今天的苏州古城中有一条名叫锦帆的路。其实这条路本来是一条河，一条护卫吴国王宫的护城河，已有两千五百多年的历史，是由伍子胥挖掘的。

公元前 514 年，伍子胥"相土尝水，象天法地"，经过了一番风水考察，决定用双棋盘的形态来奠定苏州城池的格局。所谓的双棋盘，就是将城市有规划地建成许多纵横交错的通道。这一点本不稀奇，稀奇的是，他充分利用了苏州的水资源，在每一条道路旁又挖掘出一条河流，仿佛棋盘的每一条线都是复线一样，形成了中国城市中独树一帜的特色，使得苏州城从此有了"人家尽枕河"的令人惊羡的风貌。

那时的锦帆河，是吴都子城的西城濠，古称锦泛泾，又称锦帆泾。连名字中都有一个"锦"字，都与丝绸有关。

相传，吴王夫差经常携美女乘锦帆彩漆金花舟畅游此河，河面上挤满了锦帆丽影，远远望去只见彩绸飘翻、丽影款动，连河水都遮没了，所以这条河就有了这样一个副其实的名字。

但是，真正为苏州城市的发展壮大提供强大动力的却是丝绸生产贸易的繁荣，在某种意义上说，苏州城的版图是由河流和丝绸织造出来的。

## 人稠过扬府，坊闹半长安

唐朝初年，苏州的户数不满 12000 户，到开元时期，一下子猛增到 68000 多户，安史之乱后更是一跃而至 10 万多户，以后则一直稳步上升，直达 143000 多户。

唐朝把天下的州郡分为辅、雄、望、紧、上、中、下七等，辅为京都之地，当然无城敢与之争雄，稍次的雄州，也就是大都市，则大多分布在北方。

但是，由于苏州丝绸的生产贸易发达，其经济地位就是在泱泱大唐帝国，也显得十分突出。所以，它先由唐初的上州升为紧州，到大历十三年（公元 778 年），又被升为江南

伍子胥像

伍相祠（伍子胥纪念地）

据古文献记载，伍子胥建造的阖闾大城周围 47 里，有娄、齐、蓢、阊、胥、盘、蛇、匠八座水陆城门，规模非常宏大。司马迁南游经过，为之赞叹不绝。此后虽经朝代更迭，风雨巨变，但城池的地理位置和格局一直未曾改变。

盘门

盘门始建于春秋，重建于元末，是苏州古城唯一保存完整的水陆城门。它由两道水关、三道陆门和瓮城组合而成。水陆城门均设有巨大的闸门，用盘车提升或关闭，可控制往来行人与船只，便于设防守城。

唯一的雄州。

到了"苏湖熟，天下足"的宋代，只要太湖流域的苏嘉杭一带不遭遇天灾人祸，稻粮丰收，桑蚕成熟，全国就富足了，天下也就可以仰赖苏湖而解决穿衣、吃饭这两大维持人类生存最根本的问题。

有幸在天堂里做官的诗人白居易，于唐宝历元年（公元825年）从杭州刺史任上调到苏州当刺史。一到苏州，他就被眼前的繁华所震惊，立即发出了"人稠过扬府，坊闹半长安"

的惊叹。

要知道，长安可是当时的首都啊。所以，他后来又专门写了一首诗《登阊门闲望》，详详细细地描绘苏州城的盛况：

> 阊门四望郁苍苍，始觉州雄土俗强。
> 十万夫家供课税，五千子弟守封疆。
> 阖闾城碧铺秋草，乌鹊桥红带夕阳。
> 处处楼前飘管吹，家家门外泊舟航。
> 云埋虎寺山藏色，月耀娃宫水放光。
> 曾赏钱唐嫌茂苑，今来未敢苦夸张。

历任杭州和苏州两地的最高行政长官，白居易当然有资格比较这两颗江南明珠，那么他的结论是什么呢？他说过："霅溪殊冷僻，茂苑大繁雄。唯此钱塘郡，闲忙恰得中。"

作为诗人，他可能更喜欢杭州闲适而富有诗情画意的生活，但作为官员，他对两地的经济状况却有更理性的判断。他认为，湖州太冷僻，苏州太繁雄，而杭州却处于二者之间。这就说明了唐代的苏州确实要比杭州更为繁华一些。

从他后来一系列的诗作中不难看出，作为行政长官，他十分清楚丝绸工业对苏州经济发展的意义，忍不住用了许多溢美之词对苏州的丝绸进行称颂：

> 红线毯，择茧缲丝清水煮，拣丝练线红蓝染。
> 染为红线红于蓝，织作披香殿上毯。
> 披香殿广十余丈，红线织成可殿铺。
> 彩丝茸茸香拂拂，绒软花虚不胜物。
> 美人蹋上歌舞来，罗袜绣鞋随步没。
>
> ——《红线毯》

缭绫缭绫何所似？不似罗绡与纨绮

……

织为云外秋雁行，染作江南春水色。

广裁衫袖长制裙，金斗云波万剪纹。

异彩奇文相隐映，转侧看花花不定。

缭绫织成费功绩，莫比寻常缯与帛。

丝细缲多女手疼，扎扎千声不盈尺。

——《缭绫》

桂布白似雪，吴棉软如云。

布重绵且厚，如裘有余温。

——《新制布裘》

丝绸同时在苏杭兴盛，但是在苏州，它还发展出一种延续至今的独特艺术——苏绣。如果说历史上还有苏州盖过杭州的时候，那么苏绣确实为丝绸包装着的苏州起到了锦上添花的作用。

## 秀丽城池，丝绸织就

"苏州是一个颇为名贵的大城"，人民"恃工商业为业，产丝甚饶，人烟稠密"。这是意大利旅行家马可·波罗在《东方见闻录》中写的。

明朝成化年间，苏州已经是"列巷通衢，华区锦肆，桥梁栉比"的江南大都会，"南船北马，商贾辐辏其地；而蜀舻越舵，昼夜上下于门"。

苏州城在丝绸的生产中激增着人口，苏州城更在丝绸的贸易中自由拓展着面积和空间。

吴门桥

　　吴门桥始建于宋元丰七年（公元 1084 年），位于苏州城南盘门外，横跨京杭大运河，为陆路出入盘门的必经通道。吴门桥高大雄壮，是苏州留存的最高的单孔石拱古桥，与附近的瑞光塔和盘门浑然一体，迎送着古运河上的涛声与帆影。

　　阊门外之南濠，明朝时"尚系近城旷地，烟户甚稀"，到清康熙年间，已成"苏州最盛之地，百货云集，商贾辐辏"。盘门、葑门一带，乾隆初年还是人烟稀落，到乾隆末已经成为"万家灯火"的热闹城区。民间已经广泛流传着"东南财富，姑苏最重；东南水利，姑苏最要；东南人士，姑苏最盛"的谚语。

　　《嘉应会馆碑记》说："姑苏为东南第一大都会，四方商贾，辐辏云集，百货充盈，交易得所。故各省郡邑贸易于斯者，莫不建立会馆，慕祀神明，使同乡之人，聚居有地。"

　　这些鳞次栉比的会馆，遍布在苏州的大街小巷，是全国各地商人为了在苏州做丝绸生意而特设的，直到今天，这些会馆也还是苏州城内特有的景观。

寒山寺

寒山寺位于苏州阊门外枫桥镇，又名枫桥寺，始建于南朝梁天监年间。相传因唐代高僧寒山、拾得自浙江天台山国清寺来此住持，更名为寒山寺。

在白居易掘河筑路的那条山塘街上，今天仍然有一个巨大的象征隐匿在一个接着一个的会馆遗迹中。它简朴地黯淡在商人会馆恍若隔世的繁华旧梦里，连一块巴掌大的标记也没有，完全被一所学校的招牌掩盖着真相。

那就是李鸿章的故居，而李鸿章是不容忽略的！

众所周知，他身染卖国的致命污点，他的行为甚至比卖国更恶劣：既割让了国土，又倒贴了银两。且不去深究，他在谈判的现场能不能代表自己的意志；也不去理解，他那签字的手有没有过反抗的颤抖；更不用去想，他曾忍受过怎样的悲愤与委屈……总之，他不是一位英雄，他没有守住晚节，他躲避了自己的绝路，却使一国的人蒙羞。他本可以选择杀身取义的。

但我们千万也不要忘记他的另一身份——声名赫赫的洋务运动领袖。如果容他实施自己的历史理想和人生抱负，中国改革开放的实践至少可以提前一个世纪开始尝试，虽然，他那支庞大的北洋水师在探索的征途上全军覆没了。

与李鸿章的故居相比，那些曾经显赫一时的商人会馆充其量也只不过是这棵隐匿大树上的一枝一叶。只有当这棵大树掩映成一座学校时，我们的心情才能平静下来，因为有一

**枫桥**

枫桥位于寒山寺附近。因唐诗人张继"月落乌啼霜满天，江枫渔火对愁眠。姑苏城外寒山寺，夜半钟声到客船"的诗句而名闻中外。

代代尚未成年的孩子能在这样一位复杂人物的故居中探索求知，我们就有理由相信，他们将来是一定能走向海洋、拥有世界的。

山塘街头的虎丘山门前有两口青石的古井，传说那是一对虎眼。而我更愿意把它们看做山塘的水之眼，是山塘如同它那长街一样的长梦中，一直未眠的眼睛。

## 一雄既出，众星拱月

明清苏州的迅速崛起，强劲地带动了城市周边市镇的发展，整个长江三角洲都随之兴旺发达起来。

明代以前，吴江县没有什么成规模的市镇，但到明弘治年间，已经有了三市四镇，嘉靖年间又增到了四镇七市。

《吴江县志》记载：

> 丝绸之业，宋元以前唯郡（苏州）人为之。至明熙、宣间，邑民始事机丝，犹往往雇郡人织挽。成、弘以后，土人亦有精其业者，相延成俗。于是盛泽、黄溪四五十里间，居民乃尽逐绫绸之利。

震泽，"元时村镇萧条，居民数十家。……（明）成、弘以后，近镇各村尽逐绫绸之利"，迅速发展成为一个江南名镇。

黄溪原来只是一个小村落，明熙、宣时"户口日增，渐逐机丝线纬之利，凡织绸者名'机户'。业此者渐至饶富，于是相延成俗"，很快成为丝绸专业城镇。

盛泽的情况则更为典型。明初的盛泽居民只有五六十家，"食不能毕一豕（猪）"，全部居民一顿饭加起来吃不完一头猪。

山塘街河俯瞰

　　白居易初到苏州任太守，曾在子
城弃云楼上遥望姑苏城景，赋诗："远
近高低寺间出，东西南北桥相望。水
道脉分棹鳞次，里闾棋布城册方。人
烟树色无隙罅，十里一片青茫茫。"
后来他亲自开挖了从虎丘到阊门的七
里山塘胜景，被刘禹锡赞为"春城
三百七十桥，两岸朱楼夹柳条"的东
南形胜。姑苏城向以"遥望家家临水
影，似隔垂杨无路通"的独特风貌在
中国的城市中独树一帜。

到清嘉庆间，居民开始从事丝绸业。此后居民"俱以蚕桑丝绸为业，男女勤谨，络纬机杼之声，通宵彻夜"，成为一个丝绸产销的巨镇，"居民百倍于昔，绫绸之聚亦且十倍"，一举发展为康熙年间的全县第一大镇，从此以"日出万绸，衣被天下"闻名于世。

明代冯梦龙《醒世恒言》中的一篇小说就很有代表性。故事说，嘉靖年间，盛泽镇上有个叫施复的男人，他和妻子喻氏在家里开了一张织机，每年养几筐蚕，纺丝织绸。夫妻俩因养蚕得法，善于经营，"缫下来的丝，细圆匀紧，洁净光莹"，织出的绸因为光彩润泽，别人都出高价竞相购买。施家几年间就增加三五张织机，日子过得渐渐滋润起来。然而，他们依旧省吃俭用，昼夜不停劳作。不到十年工夫，他们家就积累了数千银两。施复又购得邻居家一所大房子，开

宝带桥始建于唐元和十四年（公元819年），相传因苏州刺史王仲舒捐束身宝带助建而得名。清道光十一年（公元1831年）林则徐主持重修。在我国现存的古桥中，此桥是最长的多孔连拱桥，全长317米，共有52孔。

宝带桥

起三四十张织机，新讨几房家眷小厮，把家业做得越来越大，日子过得越来越美。

当时的盛泽"水乡成一市，罗绮走中原"，一河贯流市镇中央，五座石桥飞架南北，两岸则店铺林立，来往商人人头攒动。张之洞在光绪年间办的《湖北商务报》就称："江苏盛泽一镇，其绸产之盛为中国首屈一指。"

即便在今天，盛泽也仍然是中国丝绸之都，虽然只是一个镇级建制，但其繁华和以丝绸贸易为主的市场经济发达程度却是一般中等城市无法相比的。这只要看看麦当劳和肯德基在那里的火红生意就知道了。据说这是这两家洋快餐唯一同时在一个镇级建制的地方上开出的大店，因为他们的开店标准极为苛刻，每小时从店门口走过的行人数量是他们决定能否开店的铁的标准。

## 漂泊在光阴中的丝绸印记

苏州的祥符寺巷有一座绣祖庙，那是苏州丝织业祭奠祖师轩辕黄帝的地方，因为自古流传着"轩辕黄帝织绸缎"的传说。

在苏州，饲养家蚕的祖先嫘祖被演义成轩辕黄帝三个女儿中最小的一个，天生喜欢养蚕。苏州的民间蚕农就把她认作"先蚕"加以信奉和崇拜，亲切地称她为"三姑娘"。

传说三姑娘发明养蚕缫丝技术以后，轩辕黄帝一心想织出好衣料来。可是任凭他和宫里手艺最好的织司怎样努力，就是没有办法使细细的蚕丝在上织机后不会被拉断。

织司在织机上把断头接了又织，织了又接，一年半载过去了，但一寸绸也没有织出来。织司整日苦思冥想，茶饭不思，最后精疲力竭，死在了织机旁。

平江图

　　宋平江城是平江军、平江府及吴县、长洲县等军政机构的驻地。宋绍兴初年（公元1131—1140年），宋高宗赵构曾打算迁都于平江。因此，当时的平江府城也就按照都城的要求设计和建设。宋平江城有两重，大城即外城周长约32里，设齐、盘、娄、葑、阊五个水陆两用城门。刻于南宋绍定二年（公元1229年）的《平江图》是我国现存最早的一幅古代城市规划图，也是世界上迄今发现的最古老、最完整的城市规划图。

天庭里的龙、虎、牛、马、羊、猪、猴、鼠、鸡、兔、蛇等十二个兽神听说后，相约一同下凡来帮忙。

他们来到轩辕黄帝的织机边，鸡有点累了，就蹲在织机前扒出一个坑坛；猴子轻灵一跃，跳到织机上，织机被震得摇摇欲坠，吓得他大叫一声："这么东倒西歪的东西怎么织绸呀？"猴子的叫声提醒了牛，牛摇身一变，钻到织机下，化作四条牢牢的机腿。于是，羊和兔马上理丝上机，准备开织。

可是蛇见了，伸长头颈，高声喊道："等一等，让我把粘在一起的蚕丝理清楚，你们再织！"说罢，朝经丝当中一钻，变成一根绞棒，把经丝分隔成琴弦一样的上下两层。

这时，一旁的老虎也看出了门道，说："你们看，经丝还没有完全拉直，织出来的绸一定不平整。"他边说边竖起虎尾，把织机后的经丝一压，经丝立马变得平挺异常。

接着，其余的兽神纷纷使出浑身的解数，变成了一个个机件，把一张织机打造得既结实又精致。这时天已破晓，鸡神长鸣三声，命令开机，兔神立即投梭开织。

可是刚开了几梭，突然"吧嗒"一声，吊筘的绳子断了。怎么办呢？急中生智的猪神立即剥下身上的皮，搓成细绳，用来吊筘，绳子就再也没有断过，一梭梭丝绸很快就被织了出来。

织机是造好了，但因为竹筘上的木框总是割断经丝，断头的问题还一直没有得到解决。轩辕黄帝废寝忘食地在织机旁横看竖看，终于有一天，他从织机旁梳头的三姑娘的篦子上得到了启发。

他对三姑娘说："你看，这竹子做的篦子多光滑，所以头发不会被梳断。要是在竹筘的上下前后各装两根光滑的筘篾，经丝就不会被割断了。"

观前街——明清时苏州繁华
商业区

　　苏州古城也饱经沧桑，
屡遭毁坏。清康熙元年（公
元1662年）开始修建受到破
坏的城垣，拓建女墙。经过
整修的苏州城，城周45里，
开葑、娄、齐、阊、盘、胥
六个城门。除胥门外，都有
水陆门，每门还建有城楼。
乾隆十年，苏州知府傅椿刻
制《姑苏城图》，图上列出
街坊一千多处，极为详细。
更有徐扬绘制的《盛世滋生
图》写尽了苏州城市生活的
繁华。

三姑娘马上着手试验。果然，经丝再没有被割断，柔软光滑的丝绸真正织成功了。

如果说轩辕黄帝和三姑娘的故事只是个传说，那么苏州阊门附近的世界文化遗产艺圃则和苏州丝绸有着实实在在的关系。

艺圃这座江南名园，几遭沧桑变化，屡经主人易异，规模愈来愈小，建筑几近荒废。但在道光十九年（公元1839年）被苏州绸业同人购买下来，作为丝绸业的公共场所，并取《诗经·小雅·大东》"跂彼织女，终日七襄"之意，改名"七襄公所"后，很快被财大气粗的丝绸业老板出资修葺一新，用来接纳业界同人，或交流商业信息，或商举大事，或宴朋会友，一时门庭若市，歌舞不绝，成为了苏州园林中的一朵奇葩。

此后，苏州丝绸行业的许多"大政方针"就是在艺圃欢乐祥和的环境和氛围中诞生的。

其实，只要看看苏州的地名，你就能感觉到这座城市与桑蚕生产的那种剪不断、理还乱的关系。

阊门

除了春秋时期的锦帆路、织里桥，还有明清时的云锦公所、滚绣坊、桑弄、绣巷、北局、太监弄、养蚕里等等。

这云锦公所、滚绣坊、桑弄、绣巷等名字和丝绸的关系倒是好理解，可是北局和太监弄能和丝绸有什么关系呢？

北局是明代皇家在苏州设立的丝绸管理机构，在苏州最繁华的观前街上，它的遗址便是今天苏州最繁华的人民商场。因为在苏州城南的孔傅司巷，同时还有官府设立的苏州织造总署，所以老百姓为了方便地区分这两家性质相同的官府，就简称它为北局。

一个城市竟然同时设立两处皇家织造局，也足见当时苏州的丝绸生产在全国的地位有多么重要。

而太监弄与丝绸就有更为直接的关系了，它虽然只是观前街与北局之间的一条短巷，但实际情况是，明代苏州的皇家织造局是由皇帝专派亲信的大太监主事的，而那些大太监需要很多中小太监作为助手。当时在北局里当差的众多太监就居住在这条里弄内，所以自然而然地就得了一个太监弄的名称。清《吴门表隐》中就有明代金玉、如意两大太监在此居住的记载。

紧挨着观前商业中心的太监弄，两旁酒楼林立，客栈比肩，在苏州留下了"吃煞太监弄"的佳话。直到今天，松鹤楼、得月楼、上海老正兴等苏州著名菜馆仍然聚集在此，这里也被人称为太监弄美食街。

经过了几个世纪的时光淘洗，这些沾满苏州丝绸印记的地名在光阴中漂泊着，已经沧桑成了历史背景。但丝行桥、靸鞋桥、巾子巷、孙织纱巷、绣线巷、桑园巷、新罗巷、机房殿、作院、七襄公所、文锦公所、桃花坞打线场、领业公所、成衣公所等等等等以丝绸命名的地名还将长久地存储在苏州的记忆里。

### 怀旧的地图与诗意地栖居

鼎盛辉煌的明清苏州，繁华似锦的丝绸生产，锦衣玉食的坐商行贾，深刻地改变了人们的生产、生活方式，扩张了苏州的城市版图。

两千五百多年来，苏州城池的每一次变形与拓展，都能找到与丝绸业息息相关的蛛丝马迹。

正是丝绸产业工人的出现，才导致了资本主义的萌芽和市民阶层的形成，才使苏州在中国最早具备了现代城市的意义，而同时代中国的其他城市，从生产关系和生活形态上来说，只不过是放大的村庄，其中的居民在本质上讲还属于"城市农民"。

全晋会馆

可以这么说，正是五彩的丝线在漫长的岁月中编织出了苏州纵横的街巷，编织出了苏州如网的河流，编织出了苏州独一无二的经纬。而苏州本身也犹如一张巨大的织机，以街

嘉应会馆

潮州会馆

三山会馆

李鸿章故居

李鸿章故居内皇赐石碑

1929年盛泽在美国纽约万国丝绸博览会上的展品——辑里丝

巷为经线，以河流为纬向，以船只为金梭、银梭，织造、拓展了自己的锦绣城池。

然而，随着陆路交通的崛起和现代化纤织物的出现，苏州纵横的河网中渐渐消失了棹影归帆；古老街区里的丝绸遗迹，也渐渐隐没在了人们的视线之外，水影丝光正在人们的冷落中消逝。

除了伤感，我们是否应该想一想，苏州在城市风格上的特色本来就是靠水乡风貌体现的。苏州的水网就像我们的掌纹，聚集了这座古老城市的所有信息；苏州的丝绸就像我们的遗传基因，掌控着这座古老城市的所有光彩。遗忘了这一点，我们在处理当代建筑与古城风貌的关系时就可能失去应有的远见卓识和独特的审美能力。

也许，只有让古城的水影丝光最大限度地散发和延伸出来，才能真正对新生活注入现代性的理解，也才能产生出远古文明与现代文明和谐相处的对话精神和美学空间。

真正诗意的栖居，所表达的应该是特定的时代中人对自然的理解和理想中的人与自然的关系，因为人与天地沟通的方式，从古至今就一直是中国人独特的自然观和宗教观。

在这个意义上讲，苏州，这座水中的城市，本来就应该像出水的丽人一样，以感性、清秀的建筑风格，取代坚硬和笨重，以自由和逸动，使人产生细腻和长久的回味。就像著名作家萧乾说的那样："人有人格，国有国格，一个城市也应该有它的市格。"

令人遗憾的是，已经没有一张怀旧的地图能够覆盖如今苏州变形的街区了。就连我们记忆中的精神地图也正在越来

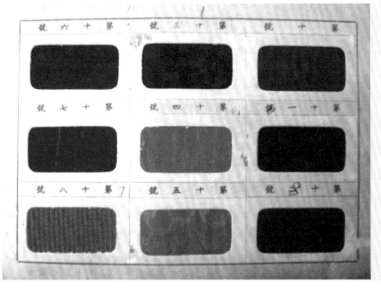

1930 年代盛泽丝绸样本

盛泽的养蚕人家

收获蚕茧

越快地破损、模糊。我们甚至就快要失去苏州的水——苏州精神的源头了。

　　眼前是一条又一条正在建设中的大街，被它们肢解碾碎的是已经传承了千年的实体《平江图》；高耸的大楼堆压在昔日的小桥流水之上，连不通汽车的桥梁也要修成粗糙的水泥块垒。

　　听着那些已经失去了河床的古桥像一个个落寞的先知般地在夜深人静时喃喃自语，我们不能不心生迷茫，那些笨重的钢铁和水泥怎么已经和我们梦中的水乡叠印在了一起？

　　看看大运河上那座叫做"狮山"的桥吧，它的西面是苏州的新区，是水泥的、玻璃的耀眼色彩——明亮、夺目、流行。

而一河之隔的东面就是苏州古城，陈旧、缓慢、黯淡，但却朴实无华。

那座现代桥梁，仿佛是一个象征——不仅仅是沟通，更是过渡，联结了两个世纪，也联结起了两种理想和追求：西岸是享乐、现代，是新文明的气息；而东岸则是艰苦、乡土气息和积重难返的中国历史。所以这座桥就不再仅仅是进行空间转换的通道，而更像是母体与新生儿之间的脐带。

这一爿饱经沧桑的母体是一具浸泡在无边海水中的伤感风景，正用她那难懂的方言独自诉说着属于她青春时代的南方的丰饶与美丽。在她的浅诉低吟中，我们不得不有些疑惑：究竟哪一个苏州更真实、更能长久地留在人们的生活和记忆中？她那变形了的身躯到底是获得了新生呢，还是遭遇了基因突变？

一个富有生命力的文明发展史告诉我们，人类打破传统的目的其实是为了丰富传统。一个被时光呵护下来的旧苏州，也许能为我们葆有一个散发智性与敏锐的张力场，能够蕴含繁复生活的本质目的，揭示出躁动多变表象下的单纯平凡的真实面目。

盛泽蚕茧贸易行

1929 年盛泽振丰缫丝厂

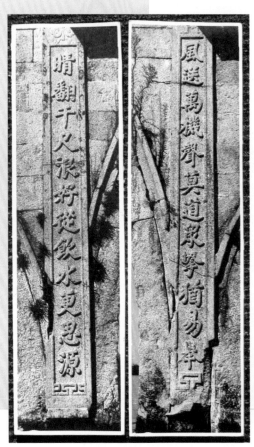

吴江出口生丝的商标

盛泽白龙桥丝绸对联　　　　　　　　盛泽在苏州阊门专用的丝绸码头

绣祖庙

绣线巷

烘茧炉

丝绸交易凭证

丝绸贸易商行印章

苏州古城墙

有人说，平庸的建筑对一个城市来说就像一堆不易铲除的垃圾，就像一个美人脸上难以愈合的伤疤，是一个城市最沉重的负担。美国现代主义大诗人庞德有一个著名的论断，他说："最古老的，也就是最现代的。"

在机械化时代，竖几根水泥柱子并不难，但要人们竖起大拇指却很不容易，因为缺少文化内涵的注入，水泥柱子永远撑不起真正的大厦。

苏州新区

中国新加坡苏州工业园区

第 四 章

# 美丽人生

因为丝绸的照耀，苏州女人们的眼睛都比常人更有光彩。

盛名之下的苏州，自觉地承担着引领全国时装时尚的重任，愈来愈刻意在服饰潮流的前沿精益求精，愈来愈使得锦上姑苏集万千宠爱于一身。

## 绮丽之色，尽出苏州

1916年，一个天色灰暗、烟雨蒙蒙的冬日，美国《国家地理》杂志记者马贝尔·卡安夫特·迪瑞登上一艘从上海到苏州的航船，开始了他那梦寐已久的苏杭天堂之旅。后来他在记录这次航行的《苏州：东方威尼斯的绮丽风情》一文中写道：

偶尔我们也会在大街上看见传说中的苏州美人。她们坐在轿子里，帘子不时被风吹开。她们坐得非常直，身体瘦小，穿着粉红色的绸衣裳，眼睛比平时显得更大更亮。

连外国的一个游方记者都发现，因为丝绸的照耀，苏州女人们的眼睛都要比常人更有光彩。

的确，正是丝绸把苏州美丽但却有些矜持的女性装点出迷人而又高傲的气质，她们释放着眼中若隐若现的本能欲望，

马可·波罗像

使得她们的性别因为对爱情的渴望而变得更加诱人，甚至蕴涵了打动人心的、掺杂着堕落的华美。

这也许就是丝绸服饰最为神奇的功效：其他质地的服饰虽然也能悦人眼目，但却难以像丝绸这样动人心弦。

想想看，丝绸对苏州人的生活方式产生了多么大的影响。

那时候的苏州丝绸生产，已经从小农经济的家庭作坊中独立出来，成为一种重要的独立手工业，就像明代张翰说的那样："余尝总览市利，大约东南之利莫大于罗绮绢纻，而三吴为最。"

有统计表明，乾隆年间的苏州城内拥有丝织机一万两千多台，从事丝绸织造和丝绸贸易的人数加起来已经超过十万，如果再加上他们的家属子女，大概达到了二三十万人，占到了当时苏州城市人口的三分之一以上。

在震泽，"居民乃尽逐绫绸之利。有力者雇人织挽，贫者皆自织，而令其童稚挽花。女工不事纺绩，日夕治丝，故儿女自十岁以外，皆早暮拮据以糊其口。而镇之丰歉，绫绸价之低昂，即小民有岁无岁之分也"。

在盛泽，更是"镇之丰歉，不仅视田亩之荒熟，而且视绸业之盛衰。倘商贩稀少，机户利薄，则凋敝立形，生计萧索，市肆亦为之减色矣"。

可以这么说，丝绸产量的高低，在当时已经成为衡量苏州经济的基准，就像今天的 GDP 一样。

## 天下罗绮，姑苏最艳

本来，江浙一带的民风是以朴素为美的。在明清以前，江南的书生，只有在考中秀才后，才可以穿绸缎的衣裳。但到了明清，丝绸在江南已不再金贵，已从达官贵人的专用品转变为平民百姓的家常服饰。

> 昨日入城市，归来泪满巾。
> 遍身罗绮者，不是养蚕人。

这首《蚕妇》是宋代诗人张俞对民间贫富不均的深刻感叹，但他的这种感叹似乎不符合苏州的情形。

反而倒是有人对苏州发出了这样的感慨，说是在苏州，"不论富贵贫贱，在乡在城，俱是轻裘，女人俱是锦绣，货愈贵而服饰者愈多"，"天下饮食衣服之侈，未有如苏州者"。

一时间，苏州丝绸服饰的华艳奢靡，吸引得四面八方纷纷效仿，各路商人趋之若鹜。而苏州也在盛名之下自觉地承担着引领全国时装时尚的重任，愈来愈刻意在服饰潮流的前沿精益求精，愈来愈使得锦上姑苏集万千宠爱于一身，就像那句民谚总结的："生在杭州，死在柳州，穿在苏州，吃在广州。"

向来秉承了流水运动和活泛的苏州人，也很快从苏州织

花船载丽人

苏纶厂——建于清朝的苏州最大的丝织厂

造的得宠中看出了无限的商机。一些拥有精明和智慧的头脑的人开始坐不住了，他们率先改变了贪图享乐的生存传统，克服安土重迁的性格弱点，开始背起行囊，走向背井离乡的漫漫长途，在苏州以外的茫茫大千世界，开出了一爿爿小小的苏州绸庄，当起了一个个外来的苏州小裁缝。思乡时，就把那句广告一般的"上有天堂，下有苏杭"传播得路人皆知。

到中国进行短暂旅游的美国人阿曼德·布维得也发现了丝绸在中国人生活中的地位。他在回忆录《上海的租界生活与洋泾浜英语》中写道："上海有条著名的'内衣街'，这里所卖的内衣大多是纯丝绸做成的，还缀上精美的刺绣，一针一线全是女工亲手缝制。我有个朋友，请裁缝为她做一件晚礼服。不到一个星期，裁缝便根据她所提供的布料和图纸，做出了一件以丝绸为原料的中式晚礼服。上海裁缝对各种样式的衣服操作起来都得心应手，而且速度很快，一套西服两天便能交货。"

而地主豪绅们，则无需远走他乡，吃苦创业。他们只需看准时机，转变观念，放弃传统的土地经营，把资本转到丝绸的生产贸易领域，就能摇身一变成为本土的坐商大贾。到

1960 年代苏州丝绸工业遗址

了明中叶以后，坐镇苏州经营丝绸的富商大贾比比皆是。

有一个与苏州密切相关的一个很有名的词，叫做"账房"，就是在丝绸生产经营中应运而生的。

所谓"账房"，就是左右丝绸生产过程的包买商、资本家。他们购买蚕茧，开办缫丝厂、纺织厂。资本小的，则只购买丝线，再分发给机匠加工代织成绸缎，然后收回缎匹，付给雇佣织工的工钱，最后由自己进行贸易，赚取巨额利润。

正是这条最先由苏州人走出的"商人变成资本家"的道路，不断地侵蚀和瓦解着封建经济的基础，导致了全国最早的资本主义的萌芽。

与"账房"相对应的，则是另一个由丝绸生产造就的特殊社会群体——雇佣工人。

早在明代中期，苏州就已经出现了丝织劳动力市场。

每到清晨，在苏州繁华的观前街玄妙观门口，数百人相聚一处，议论纷纷，一边相互打听业界消息、工钱涨落，一边等候"账房"派来的工头召唤，给他们分丝织绸，这个场

纺织女工上班

纱厂童工：每天劳动常在12小时以上，民间称她们"鸡叫做到鬼叫"

身着丝绸服装的苏州人

景俗称"呼织"。

如果哪个织工在早晨未被工头呼上，没有领到丝线，那么，这个织工家的当日生计就没有了着落。

到了清朝，苏州丝织业的劳动力市场进一步扩大，已经开始分工种与专业。

每到黎明时分，不同工种和专业的织工相聚在各自的固定地点等待召唤。

《古今图书集成·苏州府部》就有这样的描绘：在苏州城内，"锻工立花桥，纱工立广化寺桥，以车纺丝者曰车匠，立濂溪坊，什百为群，延颈而望，如流民相聚，粥后俱各散归。若机房工作减，此辈衣食无所矣"。

在吴江黄溪镇，"殷实之家，雇人织挽……为人佣织者，立长春、泰安二桥，待人雇织，名曰走桥，又曰找做"。

在苏州郊区唯亭镇，"比户习织，工匠各有专头，计日受织。匠或无主，黎明林立，以候相呼，名曰唤找"。

这些雇佣工人就构成了苏州资本主义萌芽的另一要素——产业工人和市民阶层。

清政府批准成立
苏州商务总会批文

苏州商务总会1906年
颁发的入会凭照

## 人靠衣装

衣、食、住、行是人类生活的基础。衣被放在第一位，是因为用衣物裹体是人区别于动物最重要的标志之一，也是人类的智慧发育成熟的首要标志。

衣与丝绸的关系已不必多说。

而放在第二位的食，也与蚕有关。考古发现，人类认识蚕是从食用开始的：1926年春天的一个傍晚，山西夏县西阴村仰韶文化遗址正在紧张的挖掘中，一名考古队员突然从一堆残陶片和泥土中发现了一颗花生壳似的黑褐色物体，引起了众人的关注。

这是一颗被割掉了一半的丝质茧壳，已经部分腐蚀，但仍有光泽，而且茧壳的切割面极为平直。那么古人为什么要切割这些蚕茧呢？专家们认为，古人是要破茧食蛹。至于用

外国人在苏州开办的洋丝厂

蚕茧抽丝织衣，则是后来的事了。

传说黄帝的妻子嫘祖有一次在一片桑林里喝茶，树上的野蚕茧偶然掉到了她的茶碗里。她赶忙用树枝挑捞，却无意中抽出了丝，发现了蚕茧的纤维，想到了可以用它来纺线织衣，于是，嫘祖就开始驯化野蚕。从此蚕才跟穿衣发生了关系，而嫘祖也因此成了饲养家蚕的始祖。

除了嫘祖这一被公认的最早的蚕神外，中国的上古神话中还有很多关于蚕神的传说，其中《太平广记》中收录的蚕女的故事尤为感人，可与前引《搜神记》故事参看。

故事说的是，远古高辛帝统治时期，四川巴蜀地区没有册封君长，没有人管理。那里的人按家族聚居在一起，部落之间经常发生相互掠夺的战争。有一个少女，她的父亲在部落争斗中被远方的一个部族掳掠而去，几年都没有了踪影，唯有他的战马还留在故乡。

少女整天望着那匹战马思念父亲，渐渐地到了不思饮食的地步。

少女的母亲为了安慰女儿，就公开向部落里的人发誓，如果有人能寻找到女孩的父亲，并把他带回故乡的话，自己就把女儿嫁给他。可部落里的人都觉得没有能力完成这项艰巨的任务。但就在这时，那匹马闻声惊起，长啸一声，挣脱脚下的羁绊飞奔而去。几天以后，少女的父亲骑着那匹战马回到了故乡。

一家人幸福团聚的时候，少女想起了那匹马，就去给它喂食，却发现那匹马只是朝着她深情地嘶鸣，而不愿意进食。少女沉思了一会，突然脸一红，就悄悄把母亲曾经许下的诺言告诉了父亲。她的父亲在震惊之余说，那个誓言是对人而发的，不是对马发的，再说，哪有把人许配给动物的事情呢？

纺织厂

那匹马一闻此言，一边流着泪，一边奋蹄咆哮起来，结果惹怒了少女的父亲，他就一箭把马给射死了，而且还剥下了它的皮曝晒在庭院里。

少女忍受不了心中的悲痛，悄悄来到庭院里去看望，没想到那马皮竟骤然跃起，裹挟着少女飞入了天空。十几天后，人们看到那匹马皮从天而降，覆盖在桑树上，那位少女已经化作一条春蚕栖于树上，食桑叶，吐金丝。后来金丝被人们制成光彩夺目的衣裳穿在身上。

此情此景让少女的父母非常悔恨，他们更加日思夜想自己的女儿。忽然有一天，已经化作蚕女的女儿，乘着流云，驾着神马，带着十几名侍从自天而降，对着她的父母说：天

印染厂

上的太上老君因为我既能舍身尽孝，又不忘恩负义，就让我做了天仙，在天国里尽享长生不老之福，希望你们从此再不要牵挂女儿了。

后来人们就把化为天仙的民女当做蚕神祭拜，亲切地称她为蚕姑。

中原农村流传着一幅叫做《蚕姑图》的年画，年画上部绘有蚕姑和两位陪伴她的神仙，中部有俩妇女喂蚕，下部有两女一童采桑。而蚕户人家的帐幔上还常常题一首诗："墙下树桑多茂盛，采来喂蚕真可夸。人食桑葚甜如蜜，蚕吃桑叶吐黄沙。二姑看蚕多勤谨，蚕盛之户第一家。"

说来也奇，蚕的长相确实有半人半马之状，蚕头酷似马头的模样，而蚕的身体也确实如同少女的身躯一般绵柔。

毫无疑问，衣服是人类最亲近的身外之物，它的重要性甚至远远超过了金钱。人可以穷得叮当响，也可以忍受饥肠

观前街玄妙观

观前街玄妙观创建于西晋咸宁二年（公元276年），为江南第一道观。其主体建筑三清殿是长江以南最大的木构古建筑。它既是宋代官式建筑的代表，又具有江南地方建筑的特色，是研究宋代南北建筑差异的重要例证。其内槽中央四缝所用六铺作重抄上昂斗拱，为国内珍贵孤例，被誉为建筑史上的经典之作。明清时，一到黎明，观前的玄妙广场上即挤满了前来等待工头召唤的丝织业雇工。

辘辘，但却不能赤身裸体活在世上。

不仅如此，由于服装具有显在的审美功能，几乎每个民族都产生了代表本民族美学精神的典型服饰。比如旗袍与和服，就一直被视为东方风情的标志。

旗袍是我国的国粹自不必多说，它那裹香覆玉的曲线，花团锦簇的艳丽和若隐若现的暴露，充分突出了东方女性的性感：使纤细的人骨干流韵，让丰满的人肉感盈润。东方女性含蓄而妩媚的春色，便随着它的摇摆和挪移细腻而迷艳地释放出来。

近年来，旗袍的东方文化内涵已经随着王家卫的电影和陈逸飞的绘画在世界范围内流行开来。就连 Dior、Versace，Ralph Lauren 等领导世界时装潮流的名牌，也在自己的设计中注入中国旗袍的美学元素。

本书开篇中提到的日本国服——和服发源于苏州，也是有据可查的。

日本有一部模仿中国史书编写的国家正史《日本书记》，其中记载：和服来源于中国吴地。三国东吴时，日本处于雄略时代，天皇派遣使者到中国的吴地学习桑蚕和缝纫技术，用"吴服"的谐音"和服"来称呼这种

盛泽先蚕祠中的嫘祖神像

叫歇碑

### 旗袍

旗袍几乎可以被看做东方的神话：它悄然无语地与身体亲密接触，丝丝入扣地表达东方女子温顺文雅的品质。它的丝绸质地，暗示着东方女人光洁滑腻的皮肤，释放着她们的体温，但又不是直接的裸露，而是欲盖弥彰，无须"脱"就能够张扬性感。通过一道隐秘的缝隙，自然而然地"泄露"着被它包裹之下的若隐若现、欲浮却隐的身体信息。而两侧极端的高开衩，则又像是一个含义明确的提示符号，为观赏者提供了身体由局部到整体的想象性暗示，旗帜鲜明地招展着身体的诱惑与暧昧，仿佛东方女性身体发出的渴求解放的呼喊。透过那两条缝，女性的身体呼之欲出，闪烁着白金般耀眼的光芒，为漫漫的黑夜燃烧了光彩。茅盾小说《子夜》中的吴老太爷的遭遇，就充分揭示了旗袍的情欲象征：当那位冬烘老朽吴老先生首次目击旗袍的时候，带给他的是触目惊心的视觉暴力。女性身体的光芒不仅灼伤了吴老太爷的眼睛，也灼伤了他枯朽的心灵，并给其衰老的身体带来了致命的打击。

来自中国的服装样式。

吴地当然就是指以苏州为中心的太湖流域。直到今天，苏州仍然是为日本加工和服与和服刺绣腰带的最大基地。一条高档的苏州织造的和服腰带，在日本的售价能够抵上一辆轿车。

多年前，苏州吴县刺绣总厂为日本著名影星山口百惠定制了一套结婚礼服。那件彩鸾飞舞的和服曾在日本轰动一时，和服上绣制的七只飞翔的仙鹤，不知装点过多少日本少女想入非非的梦境。所以，古代的中国人干脆就把日本叫做"扶桑"，以一种桑树的名字来为它命名。

从某种意义上说，正是苏州的丝绸联结起了中日两国源远流长的关系。不信，你看看苏州园林中每天有多少日本游客的身影，听听温婉的日本话中有多少吴侬软语的音韵。

日本人对苏州的向往是不需要太深究就能发现的，他们不像其他的外国人那样只知道苏州的园林。他们还钟情苏州的评弹，他们还迷恋苏州的昆曲，他们甚至买断了寒山寺一年一度的新年钟声。于是，每当新年的钟声响起的时候，寒山寺内，枫桥河畔，就会处处挤满身着锦袍的虔诚膜拜的日本人。

这一点，早被美国著名历史地理学家房龙发现。他在《人类的艺术》中写道：

> 长期的与世隔绝，使日本人得到了极大的好处。使他们忘记了他们的中国老师教给他们的一些东西，而尽情发挥他们的日本风格。但他们保留了他们中国老师教给他们的一种东西：中国人对自然的热爱。

旗袍烘托了东方女性玲珑的曲线，展现了一种被压缩后

### 和服

和服则被认为代表东方的风韵：和服的种类很多，不仅有男女和服之分，未婚、已婚之分，而且有便服和礼服之分。男式和服款式少，色彩较单调，多深色，腰带细，穿戴也方便。女性和服款式多样，色彩艳丽，腰带宽，不同的和服腰带的结法也不同，还要配不同的发型。已婚妇女多穿"留袖"和服，未婚小姐多穿"振袖"和服。此外，根据拜访、游玩和购物等外出目的的不同，所穿着的和服的图样、颜色、样式等也有所差异。

7

张力十足的性感；和服则在丝绸营造的自由浪漫的空间中静静地释放着东方女性舒展袅娜的神秘魅力。

如果说中国丝绸对人类生活做出了独特的贡献，那么丝绸苏州就把这种物质的贡献上升到了审美的高度。

丝绸这种女性化的材料，可以衬托女性的温柔婉约，却有伤于男性的盛气凌人；她能让人感到暗香和肉体，却不能叫人领略兵铁与雄风；她能让人想到月夜的竹影，却不能鼓舞人直对烈日下的崇山大河。

所以，丝绸自然而然地更多地和女性的生存与生命联系在了一起。

难怪张爱玲会说："再没有心肝的女子说起她'去年那件织锦缎夹袍'的时候，也是一往情深的。"

## 直叫人生死相依

问世间衣为何物，直叫人生死相依？

苏州丝绸博物馆里有一样镇馆之宝——一件纳纱平金绣龙袍。那是苏州织造府专为清朝皇帝御制的官服。一个人披上这件丝袍，身上立即就会被一条金色的天龙所盘绕，凡身

寒山寺新年钟声

也就立刻变成九五之尊的帝王，顷刻凌驾于芸芸众生之上。

　　苏州织造府曾经被太平天国的战火烧毁，但后来为了使光绪皇帝能在新婚大典上穿上一件平金绣龙袍，又不得不花巨资重建。

　　2001 年 10 月，上海的 APEC 会议上出现了中国丝绸最为辉煌的一幕：当中国的国家主席身着绣花的丝绸唐装会见同样身着唐装的众多国家首脑时，全世界的眼球都为之一亮。

　　这个曾经创造了"丝绸之路"这一千古文明的泱泱大国，再一次用丝绸演绎了一回顶级的中华文明和中国风格，将一种古老的服饰文化升华成了一种崭新的民族精神。

　　当那个辉煌的瞬间被无数的摄像机和照相机的镜头传向五洲四海时，世界各地立即回应了惊奇不已的感叹：这是中华民族在全世界的完美亮相，它不仅仅让伦敦、巴黎或米兰天桥上所有的世界上最顶级的时装发布会黯然失色，它的意义更在于用一种光彩夺目的形象向全世界展示了一个民族美好的未来和必胜的信心。

于是唐装成了那一年的流行时尚，它携带着中国风格、中国色彩闪耀在世界各地。

丝绸从它诞生的那一刻起，从古代的官服到今天的政要服装和时尚名牌，不管经历了多少时代的变迁，不管融入了多少沧桑的内涵，有一点是从来都没有被改变的，那就是它是一种身份地位的象征。

除了充当身份地位的象征，丝绸还是人类交流的纽带：

早在大唐年代，文成公主进藏与吐蕃松赞干布和亲时，就曾把蚕种和织机作为重要的礼物带入西藏，让它作为文明的种子在藏汉友谊中生根开花。

唐僧玄奘到印度取经，西出阳关后陷入了困境。后来他的虔诚感动了大漠中的高昌国，国王以最高的礼节，敕令殿中郎携带绫帛五百匹、书信二十四封、随骑六十，将他安全护送到突厥叶护的牙所。

苏州丝绸博物馆藏
纳纱平金绣龙袍

蓝龙袍

就是在今天，丝绸也仍然是许多女性间相互馈赠的重要礼品。

丝绸当然也是一种生活品位的标志：

仅以苏州为例，从三国时开始，因为东吴丝绸产品的花色品种繁多，为当地的服饰习俗提供了竞尚奢靡的物质条件，所以那时的苏州人，即使家境并不富足，但在出门时也一定是要竟披绫绮之服的。

绮罗是一种有花的丝织品，因其富丽和名贵，一经问世，就成了富贵人家独享的衣料，渐渐地它就变成了富贵的代名词。

丝绸更是人的一生中最亲密的伴侣：

人的一生从呱呱坠地到走进坟墓，几乎都离不开丝绸的亲密相伴。出生时用三尺白绢裹体；结婚时，在绣帐鸳衾和鸳鸯绣枕上体验洞房花烛和素绸落红之乐：撩开罗帐，绣着鸳鸯的红兜肚彩云托月般地招展着肉体的香艳，香汗涔涔地上演一出人类万古不变的欢喜大戏；魂归桑梓更是中国人的终极理想：当大限之时到来之际，又是三尺白绫把我们送回了永恒故乡的大地深处。

人们辛苦劳作是为了锦衣玉食；人们拼搏奋斗是为了衣锦还乡；人们争名夺利是为了花团锦簇……

祝愿一个人的未来时，说他前程似锦；当一个人取得最高成就时，给他戴上锦标……

姑娘看中一个心仪的小伙时，不用厚着脸皮大呼小叫，只需暗暗地向他抛一个绣球……

甚至标志女性美的头发也要拿丝绸来做比喻，被亲切地称为"发丝"，好像女性们已对丝绸钟情到渴望她的美能够成为自己身体美的一部分。不仅是不可分割的一部分，而且还是唯一可以展现在光天化日之下，可以公开让人欣赏、向

丝绸服饰上的图案

官服图案

丝绸之路上的丝绸服装

人炫耀的那部分美丽的身体。

是啊，人生有多少大事不是由丝绸派生出来的啊，就连形容世界或人生的巨变，也要用沧海桑田来比喻。

可以这么说，正是丝绸装饰了人的一生中的重要仪式。

　　帘外雨潺潺，春意阑珊，罗衾不耐五更寒。梦里不知身是客，一晌贪欢。

　　独自莫凭栏，无限江山，别时容易见时难。流水落花春去也，天上人间。

——李煜《浪淘沙》

桃花坞木版年画上的丝绸服装

　　桃花坞木版年画始于明代，繁盛于清代的康乾年间。兴盛时期，画店多达50多家，遍布虎丘、山塘、桃花坞一带。年产量最多时竟达百万张以上。桃花坞年画也被称做"姑苏版"，对中国南方地区年画的发展产生了很大的影响，明代清曾初远销到日本长崎等地，对日本的"浮世绘"木版画也产生了影响。

虎丘山会

唐伯虎墓

南唐后主、亡国之君李煜就是这样用与丝绸有关的词句来感怀国仇家恨和人生的沧桑巨变，来抒发对故国家园的怀念和极度思归的心情的。

## 照田蚕·进香香·嫁蚕女

农耕桑织的生产形态和丝绸产品进入人们的生活不仅长时间成为中华文明的标志，而且还衍生出许多与之有关的生活方式。

中国是最注重传统习俗的国家，而传统习俗正是某种生活方式最集中、最典型的体现。今天传承下来的、已经延续了千年的华夏古老的习俗中就有许多和桑蚕文化密不可分，下面略说二三。

先说"照田蚕"：

在苏州蚕乡，旧时过年时，孩子们最盼望的就是"点蚕灯，护蚕花"的照田蚕活动了。

早在除夕到来之前，孩子们就用细竹竿篾片之类扎成各式各样形状的架子，再在外面糊上彩纸，制作成各种造型的彩灯，如元宝灯、马头灯、鳌鱼灯、兔子灯等五花八门的蚕花灯。

当除夕到来，大人们沉溺于年夜饭时，心急的孩子们则早已丢下筷子，点燃蚕花灯里的红烛，跑到村头郊野追逐嬉戏、欢呼雀跃。黑夜中也顿时飘舞起五彩的花影，回响起孩子们的欢声笑语。那些约定俗成的歌谣也被他们反复地吟唱着："猫也来，狗也来，蚕花娘子一道来。大元宝滚进来，小元宝角落里轧进来。""蚕花落仔搭里来，白米落仔田里来，搭个蚕花娘子一道来。落仔囤里千万斤，落仔蚕花廿四分。东一村，西一村，烧香念佛看戏文。东也宁，西也宁，风调雨顺享太平。"这些孩童已经懂得了祈祷幸福平安、农桑兴旺。

清代徐崧、张大纯在《百城烟水》卷一"苏州"里这样记载照田蚕的风俗："吴俗最重节物。田间燃长炬，名照田蚕。岁节祭飨用，除夕祭毕，则复爆竹，焚苍术及瘟丹。"

范成大更用诗歌来赞叹照田蚕的风俗：

> 乡村腊月二十五，
> 长竿燃炬照南亩。
> 近似云开森烈星，
> 远如风起飘流萤。
> 今年雨雹茧丝少，
> 秋日雷鸣稻堆小。
> 侬家今夜火最明，
> 得知新岁田蚕好。
> 夜阑风焰西复东，
> 此占最吉余难同。
> 不惟桑贱谷芄芄，
> 仍更芑麻无节菜无虫。
>
> ——《照田蚕行》

再来说"进蚕香"：

每年的清明时节，天气开始转暖，江南的春蚕饲养也逐渐进入高潮。这个时候，环太湖地区的蚕乡男女，纷纷乘船来到城市或集镇，他们逢庙就烧香，见佛就磕头，盛情祈求各路神仙菩萨护佑蚕宝宝。

在苏州城里的城隍庙，每到这个时节就会有蚕农定制数十斤重的大蜡烛，派两名壮汉扛抬起来，在众人的锣鼓鞭炮伴奏下，进入城隍庙将蜡烛点燃，旋即又将蜡烛熄灭，然后带回家作为蚕房照明之用，因为他们相信，在城隍庙点燃过的蜡烛会具有祛除蚕邪的神奇力量。

这种"进蚕香"的活动大约要持续一个月左右的时间，直至清明节的前夜才全部结束。清明节的前一天，蚕农们停止"进蚕香"，开始做清明圆子。清明圆子和腊月祭蚕神的蚕花圆子做法相同，但这清明圆子却要另加做一只"白虎"的象形圆子，然后将它弃置在三岔路口，再在蚕室前后的稻场上用石灰画上弧形的弓箭，意即把对蚕宝宝有害的"白虎"之类的鬼邪和病虫害等灾难通通射死，就像清代周煌在《吴兴蚕词》中描绘的那样：

> 好是风风雨雨天，
> 清明时节闹桑田。
> 青螺白虎刚祠罢，
> 留得灰弓月样圆。

最后来说说"嫁蚕女"：

男婚女嫁是人的一生中最重大的事件之一，《中国丝绸文化》一书中对江南地区桑蚕人家女儿的出嫁有着详细而生动的介绍：

蚕农都喜欢丝绵被。俗话说："天河对斜角，大家扯被角。"意思是说，入秋以后，蚕家就要翻丝绵被了。翻丝绵被时，将两扇大门放置在条凳上，门上铺一夹被，两个女人搭档，将绵兜用手扯开来，盖在夹被上。当丝绵叠到一定厚度时，就卷起束好，成为一绡丝绵。用四五绡丝绵就可以翻出一床丝绵被，嫁女儿的丝绵被被称做"好日被"，要在白丝绵上绷上红绵兜，以营造吉利红火的气氛。

枕头则要出嫁的蚕家女自己绣制。姑娘先将丝线染色，然后在枕面上描上图案，再一针针一线线绣出鸳鸯戏水、麒麟送子等光彩夺目的美好憧憬。

另外的一些习俗则更具蚕乡的特色，如把两棵小桑树连根带土送往男方家种植、陪嫁男方家一整套养蚕工具等。

待到结婚的前一天，男方要向女家发盘，也即所谓的"上头盘"。发上头盘，还要备齐"七时衣"，即新娘子从单衣到棉衣的七件新衣裳——都是上等丝绸面料制成的花裙、花衫、棉袄、棉裤、夹衫、单衫、团袄。

女方在接到"上头盘"后，就要将嫁妆发往男家。中国民间尚红，以红色为吉祥，嫁妆上都要系上红棉兜，处处藏卧着红鸡蛋。

而在蚕女待嫁的那些夜晚，母亲更是要夜夜陪伴，抓紧时间向女儿传授一些养蚕、缫丝和纺织的独家绝技，以提高自己女儿将来在夫家的地位，帮助女儿建立一个幸福、富裕，能赢得同乡邻里羡慕的新家庭。

迎亲的队伍上路以后，最忌讳与另一迎亲的队伍相遇。如果真的狭路相逢，那么双方都要燃放鞭炮，抛撒糖果、花生等"蚕花"化解。

花轿到达男方家门前停下时，新娘要与新郎同时抛撒"蚕花铜钱"，祝福即将成立的新家庭桑蚕事业发达。在新郎抛撒"蚕花铜钱"时，喜娘还要用歌谣来伴唱：

> 新人来到大门前，
> 诸亲百眷分两边。
> 取出银锣与宝瓶，
> 蚕花铜钱撒四面。
> 蚕花铜钱撒上南，

添个官官中状元。

蚕花铜钱撒落北，

田头地横路路熟。

蚕花铜钱撒过东，

一年四季福寿洪。

蚕花铜钱撒过西，

生意兴隆多有利。

东西南北撒得匀，

今年要交蚕花运。

蚕花茂盛廿四分，

茧子堆来碰屋顶。

新郎新娘拜堂时，司仪拿红绸、绿绸各一，由新郎先打一结，新娘又重上一结，叫做"同心结"。司仪在一旁拉长腔喊道："同心结成双，恩爱万年长——"

拜堂礼毕，新郎新娘在"进洞房"的唢呐曲牌声中，一前一后，各执当中结扎成一大彩球的连理花红绸的一端，踏着麻袋，徐徐进入洞房。

各路亲朋好友随即进入贺喜的狂欢。

## 苏州奢靡，天下为最

明清时的苏州被有闲阶级看做享乐的天堂，丝织业的高度发达，带来了苏州城市风尚的演变，也使苏州市井生活的风貌从朴素走向奢靡。

全国的豪商大贾、缙绅士大夫主动向这里流动，他们三日一宴、五日一请，酒必名酿，茶必极品，宝马罗绮，极尽豪奢。

宋朝园林——沧浪亭

　　这一时期，一些饱食终日的文人墨客，还兴起了结社清谈的风气，每年都要举行规模盛大的"虎丘山会"。

　　一到会日，虎丘山门前的山塘河上，几十艘画船横亘中流，每只画船摆酒席数十桌，围歌舞艺伎数十人。官宦名士，一边行酒听歌作乐，一边欣赏七里山塘的绮丽风光。

　　入夜，每只画船点燃数百只蜡烛，山塘顿时浮起一河繁星，评弹、昆曲之声交相唱和，艺伎歌伶竞相跳起梦境之舞，在穷极声色中，把交会活动推向高潮。

　　在"豪门贵室，导奢导淫"的同时，由丝绸业滋生出的百千辅业，又为城市居民提供了各式各样的就业机会。店员苦力、工匠摊贩、优伶乐工、僧道术士以及街役仆隶都能找到自己的位置，都有可能得到发迹的机会。一时间，谋生的、寄食的、钻营的，三教九流，熙来攘往，织就了一幅活生生的姑苏繁华图。

　　也就是在这一时期，苏州兴起了前所未有的大规模的造园活动，那些后来闻名于世、今天成为世界文化遗产的古典园林如雨后春笋般绽放在江南的无边春水中。

　　苏州园林是一种私家园林，这种私家的风景是那些豪商大贾、达官贵人迷恋苏州，不愿离开这一温柔富贵乡的产物。

　　古代中国的豪族们为了在如此风光秀丽的江南水乡安度晚年，把苏州营造成了一城秀水一城园的东方梦境，在苏州这面织锦的城池上刺绣出了一簇簇园林的花朵。

　　他们之所以那么热衷于造园，也许是因为园林象征着经过大起大落后的人生退隐，是功成名就后淡出的好去处。

　　园林也可以接纳遭遇挫折后的返回，提供回首昔日荣耀的怀旧场，成为检讨过错的忏悔室和停泊疲惫心灵的栖息地。

　　园林还可以被视为看破红尘的世俗庙宇，看做参悟人生的禅室，是滋味复杂的一坛酒，是落在心田的一场雨，是月

园林长廊

园林花窗

园林柳墙

夜怀想时的一声叹息，是独自疗伤时的
一把泪水，是黎明时分的最后一段残梦，
是留在此生的最后一缕记忆，是对来世
的一丝希望……

　　因而园林对那些身份特殊的主人来
说，就等于是迷途者返家，就等于是落
叶飘回根，就等于是游子永在故乡的坟
墓，能让他们重新成为芸芸众生的邻居。

　　苏州也因为有了这些文人士大夫和
退隐官僚们的刻意营造，而渐渐形成了
儒雅气质和富贵气息。

　　可以想象，在这座河流和园林盘结
的城市里，在严冬委颓的桥上，在春日
黄昏的粮仓，在节日的夜晚，在寒山寺
的钟声，在虎丘塔的背影里，曾经有多
少苏州的祖先们穿着光华夺目的丝绸，
欢聚在一起，用自己的方言载歌载舞，
享受着属于自己创造的生活方式。

这位身着清代服装的男
人，正站在园林一角脸带媚
笑地迎候客人光临。

　　如果说一件丝绸旗袍、几句吴侬软语，就是千娇百媚的
姑苏女子的标签与名片，就是东方女性风情的最本质的语言，
那么苏州人精致的生活态度、平和儒雅的柔媚性格主要就是
由丝绸化育而来的。

　　当你走在苏州的曲径小巷中，当你突然与这样的场景相
逢：梅雨过后的水巷深处，五彩的丝绸在你的头顶瑟瑟招展，
飘洒着远逝岁月的气味……你还能够对这座古老的城市、对
锦上姑苏无动于衷吗？

山塘春色

第 五 章

# 灿烂爱情

想象一下吧：新婚之夜，丝绸滑落，苏州的女人躺在这样通红的百子被上，将是怎样一幅美轮美奂、亦真亦幻的情景。那时女人天就的山山水水就像蚕蛹般苏醒，以最美的姿态去迎接那件注定要发生的事件，去成就自己作为女性的完满，去开放青春养育的全部花朵。

这时的丝绸甚至比肉体更让人动情。

## 百子图上的爱情故事

我国最早的一部诗歌总集，叫《诗经》。其中有一首叫《氓》的卫国民歌很快就被传播得家喻户晓，因为它写的是最古老的爱情故事，写的是一个被花心男人抛弃的女子从古至今都没有什么本质变化的内心的痛楚。开篇的四句描写女主人回忆当初与那个男人相识相恋的过程，相信与所有失恋过的女性的感受都是相通的。它是这么写的：

> 氓之蚩蚩，抱布贸丝。
> 匪来贸丝，来即我谋。

意思是：那个男人笑嘻嘻地抱着棉布到我这里来换丝绸，其实他不是来换丝绸，是来和我商量婚事的。

那个幽怨的女子因为看见了丝绸，才忍不住睹物思情，怀想联翩。由此可见，丝绸很早就成了男女之间传情达意的信物，就跟最美好的情感、最深刻的人性牵扯在了一起，并一直在中国人的爱情生活中扮演着重要的角色。

　　苏州有一种传统的"百子图"织锦被面非常有名，是过去苏州人结婚时的必备品。

工人们在熨烫"百子"被

这种"百子图"被面的精彩之处是在一块整张锦缎上织出了一百个"小官人"的形象。这一百个"小官人"欢聚在通红的丝绸上，嬉戏玩耍，打趣逗闹，神态各异地寄予着人们对多子多福、幸福甜美生活的憧憬与祝愿，是中华民族传统思想完美生动的体现。

关于它，今天的苏州城还流传着一个颇具传奇色彩的故事。

多年前，有一位老人专程从台湾来到苏州的东吴丝织厂，满怀期望地对厂长说："我儿子要结婚了，非常想得到一条咱们中国人最喜爱的百子被。可是我跑遍整个东南亚都没有买到，后来听家乡的老人们说，这东西是苏州产的，就来这里看看。"

但那位老人最后还是无比失望地离开了东吴丝织厂。因为这一精美的工艺品在"文化大革命"中被视为"四旧"，全部实样和工艺档案都被毁于一炬。

但台湾老人的失望却深深地刺痛了苏州丝织工人的心。东吴丝织厂的领导亲自带头，找遍苏州旧货市场，深入老织工家访问，最后从一位姓罗的老工人家中觅得一面被当做宝贝的"百子图"锦被。

从此，一场浩大的复制工程开始了。东吴丝织厂的技术人员夜以继日制作了一万六千多张纸板，在这些纸板上打出了两亿多个洞，足足花费了六年多的时间，终于重新获得了这项失传已久的丝织工艺。

据说，当东吴丝织厂到老罗家送还旧被面，同时赠送他们新生产的被面留作纪念时，老罗已经去世。老罗的老伴接过新的"百子被"时，热泪夺眶而出，喃喃地说："那条旧被面是我和老罗结婚时用的。后来儿子们结婚，我们只舍得借给他们用一个月就要收回。现在我总算有新'百子被'送给孙子们了。"

想象一下吧：新婚之夜，丝绸滑落，苏州的女人躺在这样通红的百子被上，将是怎样一幅美轮美奂、亦真亦幻的情景。那时女人天就的山山水水就像蚕蛹般苏醒，以最美的姿态去迎接那件注定要发生的事件，去成就自己作为女性的完满，去开放青春养育的全部花朵。

这时的丝绸甚至比肉体更让人动情。

千百年来，苏州的姑娘们，就是这样舒展着丝绸的身姿，在晨雾中飘逸，像轻盈的麋鹿蔑视着冬天的寒冷，带着春水般的温暖，走进了一个个渴望爱情的家庭，拯救了一个个相思的男子，使他们苦闷的面庞开放出了刺绣般的花纹，使一个个孤独的屋宇升起了生活的炊烟，将无数的人生挑逗起了生命的欲望。

是的，是丝绸塑造了女性的风姿，是丝绸雕刻了女性的曲线，是丝绸丰隆了女性的器官，当然，也是丝绸唤醒了女性的青春，并能持续喂养着她们最隐秘的梦幻。

## 男欢女爱：借桑林围筑春台

中国上古神话中传说有一种生命神树，叫做"太阳树"——扶桑。然而在现实生活中并不能栽植这种神树，于是图腾太阳神的先民就用桑树作扶桑的替身，遍种华夏大地。

《淮南子》中记载："桑林者，桑山之林，能兴云作雨也。"说的是桑林在远古时代最重要的功能之一就是提供男女自由交合的场所。每到春暖花开时节，先民们在桑林中圈地筑台，青年男女在其间自由欢爱，歌唱情歌，模仿性爱舞蹈，崇祭生殖神，形成了叫做"春社"的千古民俗。先民们还把"太阳神"在人间降临的这个季节命名为——春天。

水乡婚礼

　　"春台"之会中一个最著名的故事就发生在神话传说中的治水英雄大禹的身上。相传，大禹在治水路过涂山时遇见了涂山氏的女儿，就把她引到了一处春天的桑林，并在春台上交通了男女之事。屈原曾在《天问》中就此发问说：

　　　　禹之力献功，降省下土方。焉得彼涂山女，而
　　通之于台桑？

　　自此以后，不仅"春台"成了自由恋爱的媒婆，而且"桑林""桑间"也成为古汉语中表示"野合"和"淫逸"的隐语，就和"云雨"的意思一样。

　　本书第一章说到的《乐府诗集·陌上桑》中采桑美女罗敷的故事，到了汉朝刘向的《列女传》中已经演化成男女情爱的故事《桑园会》。讲的是鲁国大夫秋胡在外为官二十多年后，因思念家中的老母和妻子，就辞官回乡，在途中一个

桑园里偶遇了自己的妻子罗敷。因为离别的时间太长，双方已经不能将对方认出。秋胡以打听家乡消息为名调戏罗敷，罗敷愤而逃回家中。待到秋胡回到家中一看，自己调戏的女子正是思念已久的妻子，即刻羞愧难当。罗敷也顿觉无脸见人，准备上吊自杀。幸好秋胡的母亲立即出面严厉斥责了秋胡，并让他给罗敷道歉，才使夫妻二人重归于好。

由此可见，以桑园作为男女幽会的平台，在古人的情爱生活中已经有了悠久的历史。

我们再来看看《诗经·鄘风·桑中》这首描写一个男人相约去桑林春台幽会的诗篇：

爰采唐矣？

沬之乡矣。

云谁之思？

美孟姜矣。

期我乎桑中，

富有诗意的洞房花烛夜图画

要我乎上宫，

送我乎淇之上矣。

翻译成今天的话，这个要去桑林中约会的小伙子就是这样唱的：

去哪里能够采撷到棠花呢？

去沫河岸边的乡村吧。

那么谁是你相思的人呢？

是美丽的孟姜女。

让她到哪里等我呢？

——就去那片桑林。

让她到哪里和我欢爱呢？

——就在桑林深处的那个神宫（春台）。

回来时她会不会送我呢？

——要送就把我一直送到淇河边吧！

这虽然只是一首天真的歌谣，但也是我们华夏民族最原初、最烂漫的情爱之歌。它那桑林之野的清新气息和人间烟火的温暖气味也许正是"爱情"这一人类古老情感的最本质的芬芳。

要知道，古代的年轻女子可不像今天这样有太多的谈情说爱的空间与平台。在严格的封建礼教的约束下，她们很少有抛头露面、接触异性的机会，也就很少能够找到自己真心钟情的伴侣。相对于寒冷干旱的北方，温暖滋润的南方则为少男少女们提供了更多更经常的桑园幽会的情爱平台。于是在南方农家桑户就流传着很多采桑情歌。

这些民间无名氏的创作，虽然没有文人墨客笔下的讲究

和雅致，却别有一番生动形象、直入人心的力量。譬如下面
这首在江南太湖流域流传极广的采桑情歌《采叶姐》：

> 三春天气暖洋洋，
> 竹笋透起竹芽长。
> 蜜蜂出洞鳅打嗡，
> 蝴蝶飞来上下打相打。
> 餐条鱼捎起水面上，
> 鲤花鱼烧起重五两。
> 乌背鲫鱼草少行，
> 土婆鱼悄悄找伴娘。
> 家家户户养蚕忙，
> 我家三间厅堂落蚕房。
> 上年搭起西厅浪，
> 索叶蒲墩齐栋梁。
> 快刀索叶响唧唧，
> 蚕筷插起叶顶浪。
> 养蚕索叶日夜忙，
> 采叶姐儿一心想会情郎。
> 嫂嫂索叶细喽细，
> 姑娘索叶同麻片样。
> 嫂嫂房中原有哥哥去采叶，
> 阿妈房中没叶我去帮。
> 千思量来万思量，
> 桑园里面走一趟。
> 开开窗来张一张，
> 河南哥哥已经落田庄。
> 闻声哥哥夜摇水，

采叶姐姐脚底痒。

手搭花篮下楼去，

要去河南哥哥会一会来相一相。

"种田哥哥等一等来停一停，

叫你种田哥哥调上来。"

"并没桥来也没路，

哪个样子调上来？"

"没船哥哥把叶渡，

北头河上让你种田哥哥渡过来。"

"有船渡过来，

没船叫你采叶姐姐脱落大红裤子下过来。"

日渡田姆夜渡爷，

渡姆卖出三百钱。

今天正是好辰光，

桑树边上配鸳鸯。

哥哥爱妹妹爱哥，

两人像是入洞房。

蚕豆大麦当围墙，

菜子杀花当天窗。

上顶没有青纱帐，

脚踏青草是牙床。

大红夹袄当被盖，

玄色青衫挡一旁。

姐姐脱下八幅罗裙当做湖州青草席，

大红花鞋当成枕头凑成双。

起风起雨起得高，

桑树地里有趣巧。

起风起雨起到拦腰里，

桑树地里哥哥姐姐配夫妻。

一只呆大田鸡跳得高来跳得低，

咕咕呱呱来贺喜。

一只白头翁飞到东来飞到西，

叫你采叶姐姐快回去。

野地洞房真新奇，

田郎蚕姑不肯离。

采叶姐姐心中愁，

唯恐外面知情失脸皮。

叫你哥哥慢慢动，

妹妹困倒又坐起。

郎过东来妹过西，

采叶姐姐悄悄回家去。

郎过东边种田去，

妹过西边没心计。

## 美人义士：用缨络编织情史

清代有一本叫做《红兰逸乘》的书，其中载有当时人们的一句俗语，叫做："天下最美苏州街，雨后着花鞋。"

单凭这句俗语，谁都不难想象，那是一幅怎样的红粉婀娜的美景：雨过天晴，彩虹在轻盈流淌的河面上增加了一道七彩的弯桥；女人们换上心仪的旗袍，纷纷从闺房、绣楼款款而出；一双双锦绣的花鞋如蝶般亲吻着水色迷蒙的街路，像一丛丛纵情的野火，在青石板残存的水光中弹跳，勾引着人们的视线，抛出一串串暧昧的话语，留下一阵阵青春的歌喉。

蚕房往往隐藏着爱情的传说

丝绸编织的爱情信物

清代高底绣花鞋：古代女子
穿的鞋子，多是小脚女子所
穿的三寸金莲

这样的风景风情，也许只为苏州所独有。

在太平军攻陷苏州前，山塘街一直就是人们最喜游冶的风光佳境，也一直是绝佳的制造奇情艳闻的风月场，和杭州西湖一起被许多名流骚客定位为"江南双花"。

明代诗人、大画家文徵明一次虎丘踏春归来，路过山塘时，被眼前的美景所迷醉，忍不住吟咏出了如此的诗句：

> 阊江春水碧迢遥，花下朱门柳下桥。
> 小妓隔花犹宿醉，少年双掖上兰桡。

山塘之所以能在处处风光如画的江南脱颖而出，很大程度上得益于它的另外一样特产。不错，正是红粉名妓。后来名扬欢场、波及政坛的"秦淮八艳"中的好几位就是出道于山塘，脱胎于山塘那一街一河的红栏绿水的。

其中最富盛名的莫过于陈圆圆、董小宛在这里掀起的争

江南新婚夫妇的爱巢

奇斗艳的滚滚红尘。

陈圆圆的故事自不必说，吴三桂冲冠一怒，因为她而倒戈打败李自成农民起义军的故事早已家喻户晓。

董小宛同样也是大腕级的江南名妓。

陈圆圆

董小宛，名白，一字青莲，别号青莲女史，据说她的名与字都是因为仰慕大诗人李白而起，由此可以看出她的心气有多高。改艺名为小宛，那已是落魄成为秦淮名妓以后的事了。

她出身于苏州一户经营刺绣的商人之家，可是在她十三岁那年，父亲不幸暴病身亡。两年以后，已到了明朝末年，此时天下大乱，乱象已迫近苏州。她的母亲白氏打算收拾家财逃难，却发现衰败的家中已经没有什么银两可携。一急之下，恶火攻心，竟一病不起。于是生活重担刹那间就落到了才十五岁的董小宛身上。

被逼无奈，董小宛只好从家乡的山塘街出道从妓，后来转赴金陵秦淮谋生。就在她名满秦淮、红极一时的辉煌时刻，被傲骨不群、辞官隐居的风流文豪冒辟疆看中，很快便收身做了他的小妾。

及至清兵南下，董小宛开始陪伴冒辟疆辗转于离乱，在爱恨缠绵了九年后香消玉殒。

关于她的如谜身世和传奇经历，民间甚至谣传，她后来曾被皇家掳去，成了顺治皇帝的宠妃。为了辟谣，那位著名的"明末四公子"之一的冒辟疆在颠沛流离中专门写了一本《影梅庵忆语》，来详细地追忆他们之间的爱情生活。

这么多大腕级的名妓看中山塘，除了苏州商贾云集、名士汇聚的天时地利以外，盛产丝绸肯定也是陈圆圆、董小宛们钟爱苏州的一个重要原因，因为在那个时代，丝绸无疑是女性形象最好的包装。

试想一想，当陈圆圆、董小宛们穿上丝绸襦裙，娇拥勾栏，等待意中人赴约时的情形：这样的品牌形象能有力地支撑她们的自信，能让她们敏锐地感到丝绸在自己肉体上瞬息万变出与众不同的、富有灵性的生命。

而正是丝绸这种富有生命、敏感的尤物，化作了一把把温柔的刻刀，将女人们原本死气沉沉的肉体镂刻出了生命的激情和青春的气息。这时的丝绸已与她们的肉体融为一体，仿佛她们一个个最专横、最迷人、最苛刻，然而也是最深情、最优雅的情人，将共同担当起陪伴她们期盼已久的心上人的重任。

就在我们对这些名妓们的审视与猜想犹如咀嚼一封封远古的情书时，一桩异样的事件从勾栏艳影中触目惊心地爆发了。

那是明末天启七年（公元 1627 年），一向绵软如丝的苏州人，为了反抗对丝织业的横征暴敛，突然掀起了抗击阉党的暴力斗争。斗争失败后，为了保护同志乡亲，以颜佩韦为首的五位义士，大义凛然，慷慨赴死，表现了钢铁般的坚挺傲骨。

耐人寻味的是，不知出于何种动机，苏州人选择了红尘滚滚的山塘街作为英雄们长眠的地方。今天高中语文课本收录的就是他们在山塘坟前的碑文。

假如这几位勇士出生在英烈辈出、壮士不断的北方，是不会有什么异样，也谈不上有什么特别的醒目之处的。但他们出现在苏州，出现在山塘，这就给擅长在水畔巷口传播艳情轶事的市井居民，给习惯躬身船头温和交易的圆滑商贾带来了异样神采。

因为他们的横空出世，为精通爱情而怯于兵器、长于婉约而欠缺雄风的苏州人树立了热血喷涌的榜样；也是因为他

董小宛所作《彩蝶图》

们的意外出现，才为山塘的脂粉气味和妩媚身姿增添了血色洋溢的背景。

## 锦囊妙计：美女西施让苏州很受伤

有一个成语叫锦囊妙计，意思是说，古代那些足智多谋的人，在办一件重大的事情时，把可能发生的变故和应对的方法用纸条写好后装在一个锦囊里，交给办事的人，嘱咐他在遇到紧急情况时拆开，按预先的计策去应对。

中国历史上最著名的一条锦囊妙计，就出现在吴越争霸的春秋时代，由越国谋臣范蠡和美女西施进行了一次最完美的演绎。

西施，这位中国首席美女，虽然生在浙江，但她施展青春年华的舞台却在苏州。

当时已经战败的越国，不得不称臣于吴国。越王勾践为了图谋复国，采用了范蠡的一个计谋：让越王把范蠡的女朋友西施进献给吴王，用美色来麻痹和消磨吴王的斗志。

西施在国难当头之际，毅然听从了范蠡的安排，忍辱负重，与自己的小姐妹郑旦一起，以身许国，潜入位于苏州西郊灵岩山上的馆娃宫，成为吴王夫差最宠爱的妃子。

吴王很快就被西施迷惑得众叛亲离，沉溺在美色中无心国事。当他得知西施生于六月，命中的花朵为荷花时，每年一到六月，就要亲自陪同西施到皇城附近的锦帆河里进行采莲秀，整日歌舞淫乐，直至荷花凋谢。

而就在吴王献身于西施那丝绸包装成的美丽陷阱，作着纵欲无度的死亡享受时，在同一片星空下，在一个个同样的不眠之夜，勾践却躲在夜的深处，利用西施所创造出的致命遗忘，卧薪尝胆，带领着整个越国在痛定思痛中励精图治，磨刀霍霍。

当吴王从美梦中醒来时，越王的铁骑已经兵临城下，勾践的越王剑瞬息之间就将他的国家铲灭。

其实，早在西施把光焰闪烁的身体交给了吴王的时候，勾践事实上就已经得到了吴王的天下。

虽然没有人能够证实，在那个献身的夜晚，西施到底采用了哪些勾魂的手段，但我们不难想象，当西施的眼神缓缓地从琴弦上移开，当一抹丝绸滑落出她的心跳，她一定比平时更妩媚，更动人。虽然当时西施半遮的美目中的忧伤胜于多情，但那个早被迷昏了的吴王已顾不得观察、来不及判断，迫不及待就化作了西施的奴隶。

传说由织女星受孕而生的西施，是世界上最华美的锦囊，她用血肉的锦囊掩藏着范蠡最伟大的妙计，终于把吴国的锦绣河山，化作了越王的锦绣前程。

也许更真实的情况是，浣纱的西施因为丝绸的装扮，才以其光彩夺目的美征服了吴王，进而征服了一个国家。

当时震慑吴王的那种所谓的无与伦比的美，或许就是西施和范蠡早就谋划好的将夜色、丝绸和肉体交揉在一起的一幕色情场景。

不幸的是，这个作秀般的色情场景正好呈现了吴王梦中的仙境，一个被导演出来的整体的绝艳情景完美地震慑了吴王，征服了吴王，使他忽略了这绝艳背后隐藏的极度危险，进而忘却了江山社稷。

这个传奇般的真实事件，可能是丝绸所带给苏州的唯一的伤痛。后来大诗人李白用如此诗句表达了苏州的这一伤痛："越王勾践破吴归，战士还家尽锦衣。宫女如花满春殿，只今惟有鹧鸪飞。"同样来自丝绸之乡越国的战士却把苏州的丝绸当做最好的战利品带回家乡，不能不说是意味深长的。

至于这个故事的结尾，那就只有伤感与无奈了。说是越王勾践复得天下以后，以红颜祸水为由，杀西施于吴国大殿外，自此以后，举国上下再也没有出现过西施那样的美女。

但是在我的想象中，在西施被越王赐死的那个最后的夜晚，她一定是在这样的幻觉中度过的：自己还停留在往昔那许许多多惊心动魄的长夜，仍然漂泊在鱼米和丝绸织就的图画上，头枕着异乡的弯桥与残月，仿佛是被流水翻阅着的一部书卷，寂寞得就像丰收以后的大地。

## 抽丝剥茧：爱情有时好凄婉

古代没有电话、电报这样发达的通讯工具，恋爱中的男女，一旦天各一方，就只能依靠情书来互诉相思之苦。条件好、档次高的雅士才女对情书当然十分讲究——那是要在洁白的绸缎上书写的。

所以，凭借锦书相托，许多美好的爱情在山盟海誓后最终修成了正果。

但也有不少山盟虽在、锦书难托的爱情悲剧至今仍让我们扼腕。苏州奇女子柳如是就谱写了一曲锦书难托的千古绝唱。

柳如是生于浙江嘉兴，自幼聪颖好学，秀骨清韵，不似凡尘中人。却又偏偏家境贫寒，自小被掠卖苏州吴江为婢，在明末乱世中，她那盏清亮的油灯也便注定难以逃脱随波逐流的命运。

柳如是

待至及笄之年，她便携几首诗词，着一身青衫，挽一卷秀发，载酒放歌于秦淮河上，出没于桨声灯影的红尘之中，以天成的美貌、旷世的才华名列"秦淮八艳"之首。

虽然在风月中无边飘零，虽然处欢场难掩风流，但她始终守护着被她视为生命的诗心，坚拒了许多高官名士的染指。直到二十岁时，被南明复社领袖、文坛泰斗，五十六岁的钱谦益的胸襟和才情俘获。

此后几年，从秦淮河畔到西子湖边，他俩一个红颜似柳，一个白发如银；一个激扬文字、纵论家国，一个吟词吹箫、红袖添香，度过了常人难以想象的梦幻般的恩爱岁月。

柳如是奋不顾身嫁给钱谦益，蔑视一切世俗的偏见，曾经自我解嘲般地对钱谦益戏说道："君之发如妾之肤，妾之肤如君之发"。这番话让钱谦益开怀大笑，一把揽过她，将红颜白发共呈秦淮的一轮弯月之下。

如果不是后来的人生突变，柳如是确实认为自己找到了一生的归宿，因为她曾写过这样一首诗，来感念钱谦益带给她的幸福生活：

> 裁红晕碧泪漫漫，南国春来正薄寒。
> 此去柳花如梦里，向来烟月是愁端。
> 画堂消息何人晓，翠帐容颜独自看。
> 珍贵君家兰桂室，东风取次一凭栏。

但人生自古就是美梦苦短，清军的铁骑踏破山海关，一路粉碎着他俩的梦境，在他俩还来不及躲闪之际，已经兵临金陵，大明王朝转瞬即逝。

与钱谦益意志崩溃、欲投新主的懦弱不同，柳如是却一心精忠报国，不愿苟且偷生。

在月影昏黯、凄风萧瑟的秦淮河畔，柳如是拉着钱谦益的手，一口饮尽最后一杯苦酒，落红般对着他说："君殉国，我殉君，如何？"

没想到，钱谦益却大惊失色，死死地拖住柳如是，惊恐地哀求："水太冷，不能去。"

最终柳如是的心软了，钱谦益的心也安了，但他哪里知道，从此柳如是的心也死了。

后来，变节的钱谦益终于盼来入京做官的圣旨，却怎么也没有想到柳如是坚决拒绝与他同享荣华富贵，执意留在西子湖畔的红豆楼隐居。

待到钱谦益孤身入京以后，柳如是就进入了我们所说的"山盟虽在，锦书难托"的孤苦岁月。

虽然没有人知道，这一时期的柳如是到底给钱谦益写过多少倾诉相思之苦的情书，也不知道她创作了多少伤春哀婉的诗句，但可以肯定的是，数量一定比她后来流传于世的两部诗稿《湖上草》和《戊寅草》中收录的要多得多。

我们可以想象，在那些个锦书难托的夜晚，当柳如是独对着西湖上的孤灯渔火时，她的心中一定升起过一支支凄婉的旧曲，一定低吟过喂养了她童年的歌谣，也一定重见了新婚的丝袍在火焰祭坛上织出的那些与众不同的图案。

当一个个这样的长夜将尽时，她的心该像新年的灯笼照亮着飞舞的春雪一样热烈奔放，她的目光应如深秋的飘叶缠绵着晚风一般平静安详。

她也许还想到了晚唐才女鱼玄机与其老师、花间词人温庭筠的爱情悲剧。因为鱼玄机的命运和她实在是太相像了，鱼玄机的那首慨叹命运的诗句，不正倒映着她自己吗？

> 云峰满目放春情，历历银钩指下生。
> 自恨罗衣掩诗句，举头空羡榜中名。

这时的柳如是大概已异化成了一个纯洁的幻象：唱着自己的挽歌，跟着更夫的梆声，潜进了小巷深处一家又一家古老的爱的卧室。

因为自古以来，只有爱情那抽丝剥茧般的疼痛是不变的。

## 九张机：织锦少女的春梦

宋词中有两组无名氏创作的《九张机》，都是描写一位（其实也是 N 位）江南养蚕、织锦少女的爱情故事，在全卷宋词中风景独异。无名氏的作品，能够被传诵千古成为绝唱，足见它的艺术魅力。

古往今来，人们对此词评价极高。陈廷焯的《白雨斋词话》称之为"绝妙古乐府"，"高处不减《风》《骚》，次亦《子夜》怨歌之匹，千年绝调也"。又云："词至是，已臻绝顶，虽美成（周邦彦）、白石（姜夔）亦不能为。"

陈廷焯的意思是说，《九张机》就像古乐府诗一样绝妙；写得好的地方，不亚于《诗经》中艺术成就最高的《国风》和屈原的代表作《离骚》；稍差些的篇章也足以与李白的《子夜吴歌》相媲美（《子夜吴歌》："长安一片月，万户捣衣声。秋风吹不尽，总是玉关情。何日平胡虏，良人罢远征。"这一曲调原就是用来写爱情的，李白诗共四首，写四季，上引第三首《秋歌》描写长安明月高照，家家户户传来捶打布帛的声音。秋风不断地吹，吹不尽对远征在玉门关外的丈夫的怀念之情。不知何日能平定北方的入侵者，丈夫才可以停止远征，返回家园？缠绵悲凉之情动人心魂，也是诗家之绝唱），不愧为千古绝调。他接着评价道：词到了这里，已经达到最高境界，就是宋词大家周邦彦、姜夔之辈也写不出来。

尤其是第二组《九张机》，作者明白无误地点明写的就是苏州织锦少女的爱情故事：

一张机，采桑陌上试春衣。风晴日暖慵无力。
桃花枝上，啼莺言语，不肯放人归。

两张机，行人立马意迟迟。深心未忍轻分付。
回头一笑，花间归去，只恐被花知。

三张机，吴蚕已老燕雏飞。东风宴罢长洲苑。
轻绡催趁，馆娃宫女，要换舞时衣。

四张机，咿哑声里暗颦眉。回梭织朵垂莲子。
盘花易绾，愁心难整，脉脉乱如丝。

五张机，横纹织就沈郎诗。中心一句无人会。
不言愁恨，不言憔悴，只恁寄相思。

六张机，行行都是耍花儿，花间更有双蝴蝶。
停梭一晌，闲窗影里，独自看多时。

七张机，鸳鸯织就又迟疑。只恐被人轻裁剪。
分飞两处，一场离恨，何计再相随。

八张机，回纹知是阿谁诗？织成一片凄凉意。
行行读遍。恹恹无语，不忍更寻思。

九张机，双花双叶又双枝。薄情自古多离别。
从头到尾，将心萦系，穿过一条丝。

下面我们就来欣赏、解读一番这组掩映在宋词中的苏州桑蚕、织锦少女的春梦。

这组《九张机》词从苏州少女采桑、织锦写起，然后丝丝入扣地把自己的怀春情感和对心上人的相思独白细腻入微地编织进她精心设计的锦缎中，一唱三叹地把自己追求美好爱情的炽烈情愫和欲爱而不得的相思苦闷推向高潮，起伏跌宕地舒展开一幅只有大手笔才能挥就出的恢弘画面。

词中的"一张机""两张机"等是中国民歌中常用的比兴手法，作用仅为起兴，没有什么实际意义，以下略去不议。

第一首：我面前的这张织锦机呀，我要换上春天的衣裳，到野外的桑田去采桑叶了。江南的原野风和日丽，温暖的春风吹得我浑身慵懒无力，烂漫的桃花枝头，莺雀儿正用欢快的歌声迷惑我，不想放我回家。其实是少女自愿沉醉在这鸟语花香中，不想回家了。

第二首：我相思的人儿呀，要到远方去了。你看他正停下马来，含情脉脉地看着我，久久不忍起步。不是我不愿意上前去和你告别呀，是人家正害羞呢。看着你长时间迟疑不决、不肯离去的样子，我只好忐忑不安地回头对你笑一笑，匆匆离开桑田开满桃花的小路，赶快回家去，还生怕被满眼的桃花看出了自己的心思。

第三首：我要开始织锦了，因为已经到了苏州地区春蚕吐丝的季节，这不，春天到来的燕子已经带着出生不久的雏燕在练习飞翔了。再说，现在已经是东风阵阵的晚春时节，姑苏城西南吴王馆娃宫里的那些宫女们已经在等着换夏季的舞衣呢，我哪能光顾思念你而耽误了织锦呢。

第四首：但是，哪能说不想你就不想你了呢？尽管，织机在一个劲地咿咿呀呀的响，但还是掩饰不住我紧锁的眉头、暗自的神伤。那就让梭子来回织出一朵莲花的图案吧，因为莲花正好表达我对你的怜爱。无奈的是，织一朵思念你的莲花虽然不难，可我相思的心情却难以梳理，它们纷乱得就像我面前这堆"剪不断，理还乱"，也同样脉脉含情的丝线一样。

第五首：那到底怎样表达我对情郎的相思情呢？干脆这样吧，我暂且把锦上横的花纹织成沈郎的诗句。（"沈郎"，指南朝诗人沈约，有"梦中不识路，何以慰相思"等经典爱情诗传世）可是，我从内心深处发出的相思之意，要是他不能领会该怎么办呢？（这里又用了一个典故：汉代苏伯玉妻作《盘中句寄夫》诗，结尾云："与其书，不能读，当从中央周四角"，寓意爱情要从心中发出的意思。"中心一句无人会"借用这个意思，显出内心孤寂之情。这样一唱三叹，充分表达了织锦少女深受相思之苦的复杂而矛盾的心理状况。接下来，话锋一转，好像终于下定了决心似的）好了，不去管那么多了，不说愁苦了，也不说憔悴了，就用这段织锦的情诗寄托我的相思情吧。

第六首：既然这样，那就把这匹锦缎织得再精美些吧。虽然我是如此的孤独愁苦，但是我要在锦缎的每一行都要织出灿烂的鲜花，还要在花朵间再织上双飞双栖的蝴蝶。织完这些，我实在是太累了，阳光悄悄从窗户照进来，就让我停歇一会，好好地看一看锦缎上双飞双栖的蝴蝶，默默地想一会心思吧。

第七首：哎呀，在想念你的不知不觉中，我又在锦缎上织出了一对戏水鸳鸯，可是看着这对恩恩爱爱的鸳鸯，我反而害怕起来。要是哪个无情人把成双成对的鸳鸯剪裁开来，那它们不就会分飞两处、从此不得团圆了吗？假如真的到了那个时候，还有什么办法让它俩重新相聚到一起呢？

第八首：我那织锦上的回文诗啊，你可知道是谁做的吗？你千万不要忘记，我可是把一腔凄迷缠绵的深情全部寄托在你的身上了（回文诗是一种颠倒顺序都可以诵读的诗。十六国时，前秦女诗人苏惠曾以织锦的方式做过回文诗。《晋书·列女传》记载：窦滔做秦州刺史时，因有罪被贬流沙，他的妻子苏惠非常想念他，特地织锦为《回文旋图诗》赠给丈夫，诗句异常凄婉动人）。我的回文诗也织好了，没想到织出的全是一片凄凉的意境。我反反复复地默诵着它们，孤苦压抑得没话可说，更不敢再往深处想了。

第九首：那就再回头看看织锦上的花纹吧。一切都是成双入对的：双叶伴着并蒂莲，又有喜鹊栖双枝。可悲的是和薄情的人在一起，自古以来就注定要别离的凄惨结局。我能够做到的就是用手中的这根情丝，把红花、绿叶、鸳鸯和连理枝从头到尾，把它们成双成对地永远穿联在一起。

全篇九首词，从采桑织锦写到与情人的分别，再到离别后的相思幽怨，气韵贯通，缠绵悱恻的相思之情被一根情丝越缠越紧，直至引爆情感的高潮，在婉转回环的结构中抒写了江南怀春少女丰富多彩的情爱画卷。这样情节完整的鸿篇叙事画卷，在全宋词中绝无仅有，独树一帜，堪称一座丰碑。

## 裂帛之声：东方男人的春药

在象形文字甲骨文中，"丝"字就是两个恋人缠绕纠葛在一起的形象。

丝绸从它产生的那天起，就一直让人产生朦胧而放荡的想象。因为丝绸的柔韧与精致，就像肌肤本身一般，穿着它的女子比裸体更美，更充满了诱惑与暗示。丝绸所制造的那种出轨的冒险美感，能让男人身不由己地拜倒在一袭袭石榴裙下，当然那石榴裙一定是丝绸制成的。

舒卷着爱的声息、荡漾着爱的欲望的丝绸，就曾经使无数平凡的爱情产生了超凡的魔力。

汉代有一对著名的姑苏姐妹花：姐姐赵飞燕（在历史上与杨贵妃齐名，被合称做"燕瘦环肥"）和她的孪生妹妹赵合德。

她俩从苏州流落到京城长安后，一个以身轻如燕、擅长掌上起舞，一个以丰腴肥美、歌喉婉丽，双双迷倒了汉成帝。她俩权倾后宫，冒险而传奇的一生都曾依赖家乡丝绸的鼎力相助。

据说，肥美的赵合德是靠轻解罗衣、美人沐浴的活色生

苏州名妓赛金花

苏州歌妓李双珠

李双珠的专用画舫

香搞定汉成帝的。有诗为证：

> 宽褪罗衣玉色鲜，兰汤莫遣湿双莲。
>
> 哪能不堪擅奴意，自抚凝脂亦可怜。
>
> 玉骨生凉粉汗轻，冰绡拂拭雪肌明。
>
> 锁窗严密无窥处，时听香罗蘸水声。

她的姐姐赵飞燕，一次乘着酒兴，为汉成帝刘骜泛舟高歌《归风送远》曲，忽然一阵风来，赵飞燕衣袂顺风飘舞，大有要随风仙逝的架势。

成帝一时情急，忙命一旁的侍从拉住赵的裙角。结果，薄如蝉翼的苏州绸裙被"刺啦"一声撕下一块，赵皇后顺势倒进成帝怀中，故作惊恐地撒娇："要不是你命人拉住我，

图画中的山塘妓院

我岂不成了仙女了嘛。"呈示万般娇媚。

自此以后，宫中众美都以罗裙后留一缺口为时尚，叫做"留仙裙"，以便在莲步轻移时，暴露出一双玉腿。它的余韵一直保留到今天深受女性青睐一步裙所开的后衩上。

而杨贵妃初见唐明皇，出浴时娇柔艳热，无力披掩的是罗衣，尽情勾引皇上时打的也是丝绸这张牌。就连后来她在马嵬坡被赐死时，也享受了最高待遇——用三尺白锦勒死。

唐朝最娇艳的公主——同昌公主最爱穿一种"火蚕衣"，据说这种由在寒冷的环境下养的蚕吐出的丝制成的衣服，虽薄如蝉翼，却能抵御风寒，在隆冬时尽显同昌公主的苗条身形。

在唐朝的后宫，妃嫔们最喜欢的也是丝绸的披帛，上面绣着鲜艳的花卉，以引起皇上的注意。

流风所及，在唐朝，就是普通的民间女子出嫁，也是一定要戴上一袭披帛的。

为什么仿佛只有丝绸才最能表现女性的魅力，才最易拨响古老的爱情琴弦呢？

可能是因为，在所有服饰中，只有丝绸能天然地散发出女性那种大地与母性的气息：不仅绸缎绵软滑腻如肌肤，而蚕茧的圆润与饱满，又暗合着女性柔润丰腴的器官，给人以视觉和触觉上的快感，最能神秘地勾起男性最深刻的激情与欲望。

而一旦和丝绸接触，女性的血管就会释放出生命的暗香，女性的花枝就会加速绽放。

裂帛之声在中国古代一直被看做是伴奏爱情的最好的音乐：撕下女性贴身的丝绸内衣，那迷乱而又有一点哀伤的裂帛之声，一直被东方的男人当做最好的春药。

裂帛之声刺激性欲望，最早是由夏朝第十九任皇帝姒履癸发明的。早在公元前十八世纪，姒履癸发动大军打败有施部落，俘获了酋长的美女妹妹喜。

说是喜一到姒履癸身边后，就用自己锦簇的花团把姒履癸迷得七魂出窍，姒覆癸终日把她抱在膝上，饮酒作乐。

然而让姒履癸有一点感到美中不足的是，喜对他那些暧昧的话总是爱理不理，姒履癸苦思冥想后认为，可能喜的听觉有点问题。于是他就想制造一种声音来刺激喜，唱歌不行，奏乐也没用，烦躁之中，他一把撕开包裹在喜身上的丝绸，没想到喜在惊吓之中一头钻进了他的怀里，让他受用不已。

以后为了重演这种效果，姒履癸就命令把国库中的丝绸全部搬出来，让宫女撕给喜听。

自此，这种裂帛的性感声音就一直响彻在华夏的夜晚，就连《红楼梦》中高雅的晴雯小姐也未能免俗，情场失意时，也要撕几把丝绸的扇子来刺激刺激自己。

## 轻解罗衣：东方女人的情色

如果说裂帛之声体现的是东方男人的阳刚之雄，那么轻解罗衣则表达着东方女性的阴柔之媚。

但男女之间的爱情，最终还是要靠轻解罗衣才能完成东方式的引诱与偷窥的合欢大戏。

在中国几千年的帝制史上有一个举世闻名的皇帝，但他的举世闻名不像秦皇汉武以文韬武略、雄国拓疆名天下，而主要是以艺术家的气质和风花雪月的人生名天下的。他就是大唐明皇唐玄宗。

唐玄宗有两个家喻户晓的人生故事：一个是和杨贵妃的倾国之恋，另一个就是他曾创作了一首唐代大曲的集大成之作——千古名曲《霓裳羽衣曲》。直到现在，它仍无愧为中

国音乐舞蹈史上的一座丰碑。

关于此曲来历有多种说法。相传，在一个中秋节的夜晚，唐明皇召来鄂人罗公远，要他陪驾在宫中赏月。罗公远看见玄宗凝视明月久久不动，似乎神思已去，于是就邀请玄宗一同游览月宫。

罗公远施展神法，取出一根拐杖向空中掷去。拐杖霎时化作一架银桥。两人旋即在银桥上飞行数十里，直到一股寒气袭来，玄宗才浑然发觉已经来到一座大殿前。罗公远轻轻一掌拍醒玄宗，告诉他：这就是月宫啦！

玄宗张眼一看，数百个仙女穿着素练宽衣，正在他们面前轻歌曼舞、轻解罗衣。

看得如痴如醉的唐明皇半天才回过神来，轻声问道："这是什么曲子啊？"罗公远神秘地答道："霓裳羽衣曲。"

多才多艺的玄宗再也没有说话，只是拼命地把那曲子的音调牢牢地刻录在脑海里，一路小跑着从银桥回到自己的宫

灵岩山

灵岩山坐落在苏州城西，山寺规模宏大，为典型的中国佛教净土道场之一。有"灵岩秀绝冠江南"和"灵岩奇绝胜天台"的美誉。山上遍布与吴王夫差和西施故事相关的景观，如吴王井、玩月池、流花池、西施洞、琴台等。

吴王夫差鉴

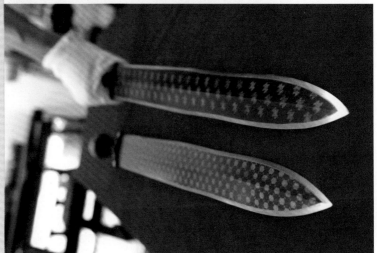

吴王夫差剑

中，然后立即命令乐官把他记忆中的曲调编成了《霓裳羽衣曲》。

随后，玄宗亲自教梨园弟子演奏，由宫女歌唱，外加三十个女艺人轮番出场助阵，并让磬、箫、筝、笛、箜篌、筚篥、笙等乐器组成的庞大乐队伴奏。对于当时此曲表演时的盛景，白居易、元稹等唐朝大诗人均在诗中作过许多精彩的描写。

《霓裳羽衣曲》在唐开元、天宝年间曾盛行一时，直到天宝乱后，才从宫廷中神秘消失。

直到南宋丙午年间（公元 1186 年），旅居长沙的大词人姜白石一次登临祝融峰，在乐工故书中偶然发现了商调霓裳曲的乐谱十八段。他激赏这一天外来曲，忍不住为"中序"第一段填了一首新词，即《霓裳中序第一》，才使乐谱连同词一起被保留到了今天，也才使我们有幸通过姜白石的美词得以窥见《霓裳羽衣曲》美轮美奂的轻歌曼舞与轻解罗衣：

> 亭皋正望极，乱落江莲归未得，多病却无气力。
> 况纨扇渐疏，罗衣初索，流光过隙。叹杏梁、双燕如客。
> 人何在，一帘淡月，仿佛照颜色。
> 　幽寂，乱蛩吟壁。动庾信、清愁似织。沉思年
> 少浪迹。笛里关山，柳下坊陌，坠红无信息。漫暗水，
> 涓涓溜碧。飘零久，而今何意，醉卧酒垆侧。

至于诗人白居易，更是久久不能忘怀于《霓裳羽衣曲》带给他的震撼，在他多年后做苏州刺史时，还时常感叹当地的艺伎不会演绎《霓裳羽衣曲》，在念念不忘中写出了著名长诗《霓裳羽衣歌》，以表达自己对这种歌舞的偏爱：

我昔元和侍宪皇，曾陪内宴宴昭阳。

千歌百舞不可数，就中最爱霓裳舞。

舞对寒食春风天，玉钩阑下香案前。

案前舞者颜如玉，不著人家俗衣服。

虹裳霞帔步摇冠，钿璎累累佩珊珊。

娉婷似不任罗绮，顾听乐悬行复止。

磬箫筝笛递相搀，击擪弹吹声逦迤。

散序六奏未动衣，阳台宿云慵不飞。

中序擘騞初入拍，秋竹竿裂春冰拆。

飘然转旋回雪轻，嫣然纵送游龙惊。

小垂手后柳无力，斜曳裾时云欲生。

烟蛾敛略不胜态，风袖低昂如有情。

上元点鬟招萼绿，王母挥袂别飞琼。

繁音急节十二遍，跳珠撼玉何铿铮。

翔鸾舞了却收翅，唳鹤曲终长引声。

当时乍见惊心目，凝视谛听殊未足。

……

诗人感叹说：我在元和年间，曾侍奉玄宗皇帝，在宫里参加宴会时，观赏过各种歌舞，但最爱的还是《霓裳羽衣曲》。

他记得看到宫内演奏《霓裳羽衣曲》是在寒食日内宴的时候。那些绝代佳色的舞女，穿着特制的丝绸舞衣，头上戴着珠步摇，身上挂满璎珞和玉佩。她们好像娇弱得连罗绮衣裳都穿戴不动，在磬、箫、筝、笛各种乐器的旋律中勾人心魂地飘舞起来。

她们像回雪那样飘转，如游龙受惊那样纵送，极尽眉目传情、衣袖低昂的媚态。而音乐繁音促节，犹如跳珠撼玉一般。直到曲终的一声长引，才使她们像鸾凤舞罢般收翅，在空中留下一声鹤唳。

　　诗人最后伤感地感慨：

> 吴妖小玉飞作烟，越艳西施化为土。
> 娇花巧笑久寂寥，娃馆苎萝空处所。
> 如君所言诚有是，君试从容听我语。
> 若求国色始翻传，但恐人间废此舞。
> ……

　　他对同朝为官的另一位大诗人元稹说：你看我现在待的苏州这地方，吴王夫差的女儿小玉，虽然是绝世佳人，但早已像香烟一缕飞逝了，你的地盘杭州那边，佳人西施也早已化为尘土了吧？现在苏州馆娃宫里的美人，早已不再能像娇花一般巧笑，更不用提什么《霓裳羽衣曲》了。所以我们的当务之急就是要赶紧找到倾国佳丽来传授这种舞艺，不然《霓

灵岩禅寺

吴王井

吴王井在灵岩山寺西花园内，传说是春秋吴王馆娃宫遗迹。当年夫差和西施曾在这里度过了许多如梦似幻的日子。

裳羽衣曲》恐怕就要在人世间废绝不传了。

唐明皇和白居易们为什么如此钟情于《霓裳羽衣曲》呢？除了它那天籁般的音乐、仙境般的舞蹈，我想，舞女们那种轻解罗衣的曼妙肯定是一个很亮的看点。

当美女们在摇曳的红烛或红灯下颤抖着纤纤玉手，缓缓地宽衣解带，罗衣渐褪，慢慢展露炫目的玉体、惊魂的曲线，这时候世界上还有什么事物能超越她们的风韵和媚惑呢？

难怪中国男人向来把灯下观美人看做最有情调的事情。

因为女性轻解罗衣时所发出的娇娇滴滴的窸窣声，虽轻软得像春风，柔绵得如秋雨，但却如胶似蜜，性感直入骨髓，任是铁石般的男人也会被怦然击中，在筋骨酥塌的同时，别无选择地一头栽倒在迷醉的牙床，心甘情愿地充当爱情的奴仆。

所以，就连一向孤芳自赏的李清照也抵挡不住展现女性性感的最高手段，忍不住要在自己的词里轻解罗衣，奋不顾身地博取爱情了：

> 红藕香残玉簟秋。轻解罗裳，独上兰舟。云中
> 谁寄锦书来，雁字回时，月满西楼。
> 花自飘零水自流。一种相思，两处闲愁。此情
> 无计可消除，才下眉头，却上心头。

再来欣赏汉代《古诗十九首》中一首描写古老爱情的诗
歌——《客从远方来》：

> 客从远方来，遗我一段绮。
> 相去万余里，故人心尚尔。
> 文彩双鸳鸯，裁为合欢被。
> 著以长相思，缘以结不解。
> 以胶投漆中，谁能别离此。

　　这首诗的大意是：他从遥远的地方给我带回了半匹丝绸，
真是让我太感动了。我舍不得用这么珍贵的丝绸做衣裳供我
一个人穿，我要把它缝制成供我们俩同时使用的"合欢"锦被，
并且要用长相之丝（思）缝缀，结上解不开的死结。让我们
生生世世如胶似漆，永远也不分离。
　　这个"她"对心上人的相思、痴情和坚贞，一下子就让
我们感受到了古老爱情的心跳和体温。
　　最后我们来解读两首南朝乐府民歌：

> 春林花多媚，春鸟意多哀。
> 春风复多情，吹我罗裳开。
>
> （《子夜四时歌·春歌》）

开窗秋月光，灭烛解罗裳。

含笑帷幌里，举体兰蕙香。

（《子夜四时歌·秋歌》）

与上面古诗中主人公大约是北方的女子相比，这两位江南女子对意中人的相思，就痴情得有些色情了。把诗意翻译一下就是：春天树林中的花朵多娇媚啊，春鸟求欢的哀叫声多么让人同情，春风也是像我一样多情啊，把我贴身的丝绸内衣吹开了；打开窗户放进秋夜的月光，吹灭红烛脱去丝绸内衣，等我笑盈盈地躺进鸳鸯帐里，我的全身上下就会散发出兰花般的迷香。

但正是这种痴情得有些色情的女人，才显露了健康的人性美，才是人们千百年来为之心旌摇荡、为之奋不顾身追求的美好爱情。

由此，丝绸何止是灿烂了爱情？它简直就是爱情的象征，爱情的本身。

而南朝乐府民歌正是产生于长江中下游的江南地区，当然也包括苏州在内。

## 天仙配：中国男人的梦中之梦

中国流传极广的"天仙配"的故事，虽然只是一个神话传说，但却包含了深刻的民间生活基础。

近年有专家考证，传说中的董永和七仙女的生活原型就在苏州的太仓地区。"天仙配"的故事代表了江南地区典型的农耕桑织的文明，也就是董永和七仙女夫妻双双把家还时唱的那种"你耕田来，我织布；你挑水来，我浇园"的理想人生。

井边拉家常

无事养养鸟

闲来喝喝茶

被称为"中国的情人节"的"七夕"故事描绘的也是相似的情形：每当七夕之夜，织女渡过鹊桥，长披秀发，袒露腰肢，就像一位在丝雨中沐浴的神，心甘情愿地把自己奉献给最平凡的生活——男耕女织，奉献给最纯朴的爱情——生儿育女。

这个故事到了苏州还被演绎出了另外一个和桑蚕直接相关的版本：

说是织女和牛郎本是天上的蚕仙子和小黄牛。蚕仙子每天清晨坐在云彩里，把彩霞和天地的灵气吸到肚子里，然后吐出万缕五彩斑斓的闪闪丝线，管理着天上的万亩桑园。而小黄牛呢，因为壮实力大，在天宫里负责耕种垦殖。

自从他俩产生爱情以后，小黄牛就变得神魂颠倒，常常因为相思而耽误了自己的本职工作，惹得玉皇大帝很不高兴，下令拆散这对恋人。

正好蚕仙子和小黄牛也厌倦了天宫里的单调生活，羡慕人间的烟火，于是就驾起五彩祥云，来到人间。

据说由于懒惰，小黄牛是由蚕仙子背着下凡的。他那笨重的身体压得蚕仙子喘不过气来，所以直到现在，蚕宝宝的头上还留着四个黑点，就是当初被牛大哥踩出来的。

为了治好心上人懒惰的毛病，一到人间，蚕仙子摇身一变，变成一条小虫，消失在桑田中。牛大哥情急之中，钻进桑林中拼命寻找，他忍饥挨饿，找了一天一夜才找到心上人，也由此改掉了好吃懒做的毛病，变成了一个勤劳持家的好丈夫。夫妻俩在人间过上了男耕女织的幸福生活。

明代朱静庵在《春蚕词》中用四句诗概括了民间百姓对这对叛逆小夫妻甜蜜生活的向往：

> 桃花落尽日初长，
> 陌上雨晴桑叶黄。
> 拜罢三姑祭蚕神，
> 渐笼温火暖蚕房。

故事的结局倒是和流行的版本一样，同样也是一个故意要打动人的悲剧：玉皇大帝当然很快就得到了他俩私奔的情

晚上听评弹

渴望中的妻妾成群的生活　　　　　　　　　理想中的相夫教子

报，一怒之下命令雷公雨师用暴雨惊雷向正在桑园劳动的蚕仙子和小黄牛大施淫威，妄图置他们于死地。

凭借着爱情的力量，蚕仙子和小黄牛互相帮助，死里逃生，躲过了一劫，但是这场劫难却在他们的心田上刻下了难以磨灭的伤痕，蚕宝宝从此不再吃有雨露的桑叶，而牛呢，只要一听见打雷，就恐惧地低下眼睛，不敢向天张望。

就是这些神话传说，为中国人的爱情奠定了基本的色调——一种建立在温饱基础上的实用情感，也为三妻四妾、爱情资源配置极不均衡情况下的很多弱势男人提供了性幻想的对象。

所以，"天仙配"之类的神话传说向来就是中国男人的梦中之梦。因为在他们的眼中，那些谁也没有见过，也从来不属于某个具体男人的天堂中的美女仿佛是一种公共性资源，皇上老儿能动得，达官富人能动得，那么平头百姓、光棍穷汉也就能动得。

苏州文庙

而且还有一个最为关键的前提为他们撑腰：那些天上的美女仅仅是一种非物质性的存在，所有的人，任你有再大的本事、再高的地位，也都只能意淫意淫而已。这样，即便是最贫穷的鳏夫、最龌龊的男子把她们意淫了，也损害不到具体某人的切身利益，因而他也就不用担心会招来现实的灾祸了。

## 绣房：中国女人的爱情锚地

苏州有一首民谣这样唱道：

春三月，
茶发芽，柳发青，
青蛙蛙叫唤，猫叫春，
山上石头山下滚。
我姑娘一十六岁坐绣楼，
可想书生？

绣房向来就是中国青年女性的代名词，是她们追求爱情生活的起航地。

"花谢花飞飞满天，红消香断有谁怜？游丝软系飘春榭，落絮轻沾扑绣帘。"林黛玉也是用花和绣帘这两样最具女性形象和女性情怀的事物来抒发自己的满腔伤情，进而再用"未若锦囊收艳骨，一抔净土掩风流"来表达自己高洁的人格和终极的人生理想的。

虽然我们已很难知晓这些故事中具体发生过怎样的令人哀伤、感慨的细节了，但这些一唱三叹的人生遭际，仍持续地散发着深厚的意味，长久地感染着我们的心灵。

我们静静地欣赏着它，就能重组时空，穿越时代，得以实现和过去的岁月相约，仿佛能够拥抱那些逝去的生命，既能深入她们曾有过的梦想，也能继续她们的梦想。

她们就像一个个感官，接纳了我们的种子，使这种子充满欲念，并让这种子醒悟。时光有自己的延续方式，而她们也找到了不让自己在时光中消逝的方式。

看看她们今天仍然活在刺绣上的身影，仿佛诗册裁成的一般，让我们每个人都觉得自己正背负着某个前人的生命。我们想象前人的生活，就是在听从自己内心深处的召唤。

通过那些曲折的回廊，返回旧时苏州女性的生活场景，往昔那些平凡的爱情就会化为一幕幕神奇的梦境：一座座桥梁在视线中洞开，一卷卷丝帘从眼中翻过。你会看到一袭袭旗袍向你舞动，你会听见一声声裂帛在向你倾诉。

纵然世界飞速地变化，这些古老的爱情却没有过时，因为是她们奠定了爱的形式与结构，代表着美的所有秘密，仿佛爱情的 DNA 一样潜伏在轮回的身体里。

美国《国家地理》杂志记者马贝尔·卡安夫特·迪瑞在《苏州：东方威尼斯的绮丽风情》中还说过另外一句著名的话，

苏州最后一位状元陆润庠
（公元 1841—1915 年）

他说："苏州，以歌女和学者而闻名。"

不错，他在走马观花中捕捉到了苏州的亮点，但他却没有看清锦上姑苏绮丽的真相，那就是在这座盛产美女与书生的城市，苏州的女性需要丝绸，就像苏州的书生需要油灯一样。

姑苏遗梦

第 六 章

# 流光溢彩在人间

那时的苏州，山川秀逸，美女如云，商市繁喧，红尘四合，烟火相连，物产丰饶，服饰奢靡，歌舞流觞……表现着世俗生活的一切飞扬流动。

那时的苏州艺术也就乐于对各种世俗生活津津玩味，对衣食住行的享乐细节精益求精，在表面的奢靡堕落中，深深地蕴涵着对人生、对生命的强烈欲求和留恋，骨子里透露着"人生不满百，常怀千岁忧"的哀婉伤感之情。

## 苏绣：一根银针人间百景

2004年8月19日，有一个几十人的台湾地区代表团自费来到苏州。但他们不是来探亲访祖，更不是来旅游观光的。

他们是一个刺绣代表团，是专程慕名前来"朝圣"苏绣的。

对于苏州刺绣研究所来说，接待这样的来自海内外的代表团早已成了他们日常工作的一部分。

与粤绣、湘绣、蜀绣齐名的中国四大名绣之一的苏绣，被誉为"神针"，发端于以苏州为中心的江苏南部地区。对于刺绣的魅力还是古人感受得最真切：

若夫观其缔缀，与其依放，龟龙为文，神仙成象。
总五色而极思，借罗纨而发想。

——梁·张率《绣赋》

刺绣艺术在中国少说也有四千多年的历史。这种艺术发端于先民"断发文身"的土风，最早是由原始先民在身体上刺绘花纹引发的。后来随着生产和社会的发展进步，肉体上的文身就渐渐转移到了衣饰上。

我想，用锦绣来形容苏州，恐怕没有什么人会反对。因为从虎丘塔里发现的古代织锦和刺绣的文物来推断，苏州无疑是织锦和刺绣艺术的发祥地之一。

苏州所在的太湖流域，自古气候温润，桑蚕业发达。优质的丝绸、绚丽的锦缎和色彩斑斓的丝线为刺绣这门艺术提供了得天独厚的物质条件。

西汉刘向在《说苑》中记载，两千多年前的春秋时期，吴国就已将刺绣用于服饰。

三国时代，吴王孙权曾命赵达之妹亲手绣制《列国图》，在一块巨大的方形锦帛上刺绣出当时各个国家的山川、河流、城邑、军事和民情图案，赢得了"绣万国于一帛"的美名。

绣娘

　　为了适应宋代发达的书院绘画，苏绣逐渐摆脱单纯的服饰装饰功用，开始以书画为绣稿，制作以观赏为目的的绣品，使刺绣成为一种独立的艺术形式。

　　《清秘藏》对宋绣作出了这样的评价："宋人之绣，针线细密，用线一二丝，用针如发细者为之。设色精妙，光彩照目。山水分远近之趣，楼阁得深邃之体，人物具瞻眺生动之情，花鸟极绰约唼喋之态，佳者较画更胜。"

　　到了明代，苏州丝织手工业中心的地位，强有力地推动着苏绣艺术的快速发展，将苏绣从观赏领域进一步拓展到商品市场上。为了适应市民阶层的审美需求，苏绣在题材和技法上都作了改进。选材上从高雅脱俗向雅俗共赏靠拢，技法上则竭力满足苏州人挑剔、讲究的要求，形成了"精、细、雅、洁"的风格。

苏绣在清代进入了全盛时期，诞生了钱慧、曹墨琴、杨卯君、沈寿等苏绣艺术大师。他们的作品往往价值连城，几乎全部提供给皇家享用。比如沈寿，她本来叫沈云芝，后因光绪十三年（公元1887年）绣了八幅作品祝贺慈禧七十大寿，深得慈禧喜爱，慈禧亲自书写"寿""福"两个字分赐给她和丈夫，沈云芝才改名沈寿的。

而在民间，刺绣产品就更是丰富多彩了。可以这样说，凡是丝绸制品均有刺绣。服装、花鞋和被面之类自不用说，枕袋、帐幔、靠垫、荷包、扇面也无不要靠刺绣来点缀。这些生活用品上的苏绣不仅针法多样、绣工精细、配色秀雅，而且图案花纹含有喜庆、长寿等吉祥的蕴意，深受民众的喜爱。

那时的刺绣甚至还不是女人的专利，在苏州不仅有"绣娘"，还有"绣郎"。而且，从事刺绣的男子在这一行业中具有极高的地位。据说，绣品中的上品人物肖像的点睛之笔——人物的眼睛，常常要请"绣郎"们完成。

1921年3月至7月，日本著名作家芥川龙之介受《大阪每日新闻》委派，到中国游历了上海、苏州、杭州、扬州、南京等十七个城市，每天写一篇见闻通讯供《大阪每日新闻》发表。

他于到达苏州的第二天就急不可耐地骑着毛驴前往灵岩山，寻访一千多年前唐朝诗人李白描写的"姑苏台上乌栖时，吴王宫里醉西施"的春秋遗迹。

#### 清代四大名绣之一

清代，由于丝绸产品的贵族化，丝织工艺基本放弃了印染，并把重点集中在了织绣上。清代的宫廷服饰大部分均用刺绣加以装饰。清代刺绣运用之广、针法之妙、绣工之精巧，为历代所不及。这与当时商品绣生产的大力发展是分不开的，各地民间绣品已逐渐形成了别具特色的风格。在这些地方绣中，最著名的是以苏州、广州、长沙、成都为集散中心的"苏绣""粤绣""湘绣""蜀绣"，合称中国的"四大名绣"。

　　虽然涤荡尽了春秋往事的灵岩山让芥川龙之介心生出无限的荒凉与失望，但是姑苏大地的美景和刺绣人家的生活还是感动了他的如椽巨笔。

　　芥川龙之介在当天发回日本的报道中写道：

　　姑苏城外，初夏时节，那运河间的乡间小路倒确是很美。在浮着白鹅的运河上，仍有一面面大鼓般的石拱桥横跨；路边那给人凉意的槐树和柳树，在运河的水面上落下清晰的倒影；在青青的麦田与麦田之间，间杂着一个个开满了红玫瑰的花棚——在上述的风景中点缀着农舍。特别觉得优美的是，每当经过这些农舍的时候，探头往窗里望去，可以看见家庭主妇和她们的女儿正在用针刺绣的情景。

经过了几千年时光汰选的中国刺绣，有许多品种已经渐行渐远，在人们的视线中越来越模糊。而苏绣却能以不断创新的姿态，紧跟时代的步伐，频频以崭新的形象刷新着人们的视野，给人们带来惊喜。

如果你有机会来到苏州西郊，离芥川龙之介寻访过的灵岩山不远处的一个叫做镇湖的小镇，你一定会被迎面而来的刺绣画廊所震惊。

在这个太湖边的小镇上，家家户户都有一间临街的绣棚，那里的八千绣娘每人手里都有一根飞舞的银针，那里的每一

《苏绣图案》书影

间小屋都在不停地锦绣着世界各地的绮丽风景。

　　于是，由长街组成的画廊上，时时刻刻都绽放着凡·高的《向日葵》，冷不防就新添了一幅陈逸飞的《故乡的回忆》。

　　面对这个独特的景象，倒也不难理解，在中国古代，刺绣是每个女性必须完成的一项人生功课：大户人家的千金小

苏绣图案选

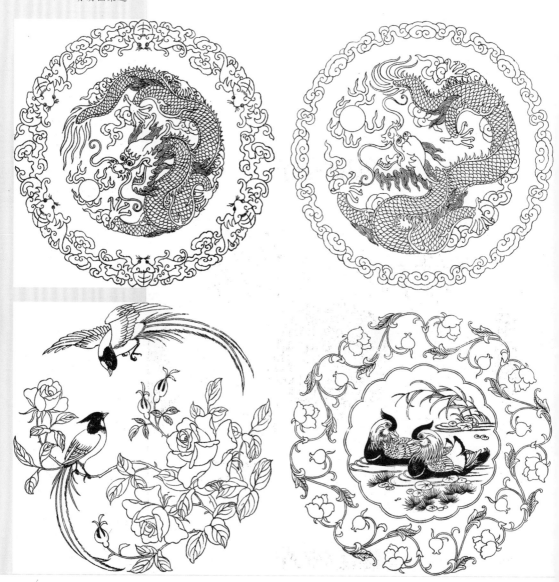

苏绣《虎》

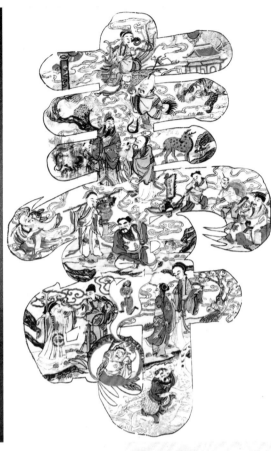

苏绣《寿》

姐肯定会拥有一间绣楼，就是贫寒之家的女孩子，也能得到一间闺房与绣房合一的寒舍。那时的女孩子，如果不会刺绣，恐怕就会影响到她的婚事。

　　当太湖边的八千绣娘把批量生产的苏绣送入千家万户火热的生活时，位于姑苏城一角的世界文化遗产环秀山庄内的苏州刺绣研究所，则在静静地攻克着苏绣新的工艺形式，努力使这门古老的艺术得以在历史的进程中发展延续。

　　1989 年，研究所所长张美芳女士把一幅他们用新工艺创作的作品送到了北京。当这幅作品在人民大会堂打开的一刹那，邓小平同志的女儿邓榕被感动得热泪盈眶。

那幅刺绣绣的是小平一家珍藏的一幅照片，是小平和邓榕等家人参观苏州刺绣研究所时的一个情景。后来这个情景长留在张美芳和她同事们的心中，成了他们深深的一个心愿，那就是用苏绣再现这幅照片的神采。他们经过一年多的努力，根据苏绣的特点，通过虚化人物身上的白衬衫，用刺绣更好地突出了小平同志面部的生动神态，并终于在邓榕感动的目光中实现了美好的心愿。

## 苏锦：一枚金梭锦上拈花

说过了苏绣，当然就得再说苏锦，锦绣自古相得益彰。

苏州织锦始于五代，那时北方晋平公的使者、大夫叔向南游吴越，吴国君臣用丝绸花团装饰的彩船为他送行，几百人身着五彩的锦衣列岸相望，以一岸蜿蜒的丝光花影炫耀自己的富有。

到了宋代，织锦在苏州形成了独有的风格，以致后世谈到锦必称宋，色泽华丽、图案精致的宋锦被赋予中国"锦绣之冠"的美称。

宋锦制造工艺独特，经丝有两重，分为面经与底经，俗称"重经"。

宋锦除图案十分精美外，还具有平整挺括的质地、典雅古朴的色泽。

宋锦种类繁多，主要分为大锦、合锦和小锦三大类：

大锦组织细密、图案规整、富丽堂皇，常用于装裱名贵字画，制作特种服装和花边；合锦用真丝与少量纱线混合织成，图案连续对称，多用于书画的立轴、屏条的装裱；小锦则为花纹细碎的装裱材料，适用于小件工艺品的制作和包装。

苏绣《白孔雀》

苏绣名家沈寿像

宋锦的制作工艺复杂，通常采用"三枚斜纹组织"，两经三纬，经线用底经和面经，底经为有色熟丝，作地纹组织；经面用本色生丝，作纬线的结接经。纬线也分三种，一纬纹与地兼用，二纬转作纬纹，分段换色织造。

宋锦的纹样多为几何纹骨架，其间饰以工整的团花或折枝小花。几何纹有八达晕、连环、飞字、龟背等。而色彩则多用调和色，不使用对比色。

从宋代留传下来的锦裱书画轴子来看，苏州当时已能织出"青楼台锦""纳锦""紫百花龙锦""柿红龟背锦"等四十多个优良品种，已经与南京的云锦和成都的蜀锦齐名，同为中国三大名锦。

有一点特别值得苏锦骄傲的是，宋高宗南渡以后，全国的政治、文化中心移到了江南地区，为了适应其他艺术门类发展的特殊需要，苏州织锦创新出了一种极薄极细的品种，从而促进了书画装裱工艺等其他艺术的发展。

## 缂丝：一梭一线镂刻世情

苏州刺绣研究所曾复制过一件明定陵出土的万历皇帝十二团龙、十二章（日月星辰纹章）的缂丝龙袍。

沈从文先生看了这件作品后十分感动，他在鉴定报告中写道："这是一件非常成功的伟大杰作。"

这件复制的缂丝作品，在金线做法、孔雀羽的处理上都极为准确，色彩稳重而不浮躁，色与色的搭配很有分量，龙的形象完全符合万历年代的标准，得到了华美壮观的艺术效果。

缂丝是苏绣的姊妹艺术。它和苏绣的不同之处在于：苏绣平凡朴素，在平民百姓的日常生活中随处可见；而缂丝则雍容华贵、身价高昂，大多出现在帝王们的生活中。在明清两代，中国皇帝的新衣，基本上是由苏州缂丝艺人供奉的。

缂丝，是以蚕丝为原料，采用"通经断纬"的织法，经彩纬显现花纹，以花纹为边界，以满幅透空针孔。悬而视之，犹如万缕晶珠，有如雕似镂的效果，被赞誉为"雕刻了的丝绸"。

缂丝不受颜色的影响，可以随心所欲地织造出各色图案，古朴典雅。它虽不像刺绣那么光亮鲜艳，但却可以摸、擦、揉、揩、洗，经得起长时间的珍藏，具有千年不坏的质地。

新疆吐鲁番阿斯塔那古墓群中曾出土过公元七世纪的舞俑缂丝。而更早的楼兰汉代遗址中也曾经出土过采用"缂"法织成的毛织物，可见这种中国独有的丝织工艺历史的悠久。

在宋代，缂丝艺术主要集中在北方。因宋代的皇帝大都喜好舞文弄墨，皇室对书画的倡导，促进了缂丝与书画艺术的结合，出现了一批缂丝艺术精品。

宋室南迁后，缂丝的中心转移到了南方，从明代开始，苏州缂丝就一直是南方缂丝的代表。

但是由于时代的变迁，人们的需求和审美趣味发生变化，加之缂丝的工艺过于复杂，手艺的传承显得非常艰难。如今苏州的缂丝大师大多已经去世，掌握这门艺术的普通艺人也已寥寥无几，缂丝艺术已经面临失传的危险。

沈寿专著《雪宧绣谱图说》

沈寿作品《耶稣像》

2004 年 6 月，第 28 届世界遗产大会在苏州召开前夕，六十六岁的苏州缂丝老艺人王嘉良为了一个梦想，夜以继日地坐在了他那心爱的缂丝机前。

他通过融合苏州桃花坞木版年画和"织中之圣"的缂丝工艺，正在为世界遗产大会缂织吉祥物，他要以这幅独一无二、用缂丝制作的吉祥物《圆圆》，一圆拯救缂丝艺术的梦想。

令人欣慰的是，王嘉良老人的梦想没有落空，世遗大会

苏绣绘画作品

后，苏州将缂丝、桃花坞木版年画、苏绣和苏锦四大工艺申
报世界非物质文化遗产。

## 昆曲：多少北京人，乱学姑苏语

今天的苏州城里有一座戏曲博物馆，有意思的是，它就
坐落在明清时的全晋会馆遗址里，这可能不仅仅是一个巧合，
它还似乎神秘地暗示了丝绸经济和艺术繁荣的关系。

昆曲，原名"昆山腔"，从清代开始被称为"昆曲"，
现又被称为"昆剧"。四百多年前，昆曲婉转优雅地从苏州
的水巷深院里诞生了。

在某种意义上说，昆曲从诞生的那一时刻起就主要是为
商人和城市市民服务的，而它后来的繁荣，也主要是因为明
清苏州丝绸业派生的大量有闲阶层对文化生活的强烈需求。

同时，江南雄厚的经济基础和丰富的文化积淀，也使得
昆曲一经产生，就在我国古老的传统戏曲中脱颖而出，并很

苏绣大师杨守玉

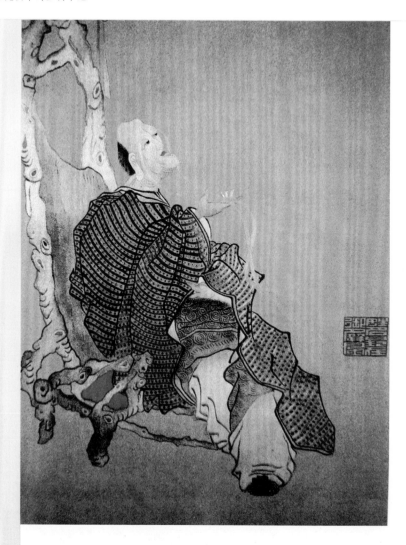

苏绣绘画作品

快一枝独秀，以其深厚的文学底蕴和高雅的艺术形式成为我国传统戏曲中的"百戏之祖"。

在清朝乾隆年间，苏州"家歌户唱"昆曲：

剪彩镂丝制饰云，风流男子着红裙。

家歌户唱寻常事，三岁孩童识戏文。

——《苏州竹枝词·艳苏州》

就是在京城中，会说苏州话也会被别人羡慕：

> 索得姑苏钱，便买姑苏女。
> 多少北京人，乱学姑苏语。
> ——尤震《红草堂集》

据龚自珍《定庵续集·书金伶》记载，乾隆六十大寿时就专门调来号称"昆腔第一部"的苏州戏班为其祝寿演出。

演戏当然离不开戏装，对古典戏剧来说就更是如此，而苏州太湖流域盛产的丝绸正好为戏装的制作提供了丰富的物质基础。

飘洒的水袖长衫、飞扬的金龙绣凤凝聚着戏装艺人的心血，也代表了丝绸服饰艺术的最高成就。

对于每一件戏装，设计者首先要熟知剧情内容和舞台演出的效果，再根据剧中人物来设计样稿，就是对同一人物，也要随其身份的变化、场景的不同而设计出不同的样式。设计稿经剪裁、绘画、刺绣、缝制，最后由各个丝绸艺术门类共同协作完成。

从戏曲走向繁荣开始，苏州一直就是全国重要的戏装生产基地。

苏绣绘画作品

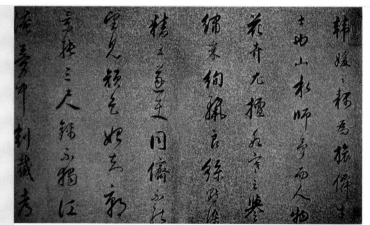

苏绣书法作品

苏绣乱针绣作品

著名的"双面绣"

中国工艺美术大师任嘒闲在
刺绣（公元 1915—2003 年）

　　二十世纪初，苏州阊门一带集中了几十家戏装店。由于
地靠运河码头，外地戏班经常在此登岸，西中市成了戏装一
条街。

　　今天的西中市依旧人流穿梭，车水马龙，但已经找不出
一丝与剧装有关的联系。因为戏曲艺术已随现代娱乐业的兴
起，逐渐式微。

　　但是凭借自己源远流长的传统，精美的戏装又在古装影
视剧等新领域里粉墨登场。近年来《红楼梦》《笑傲江湖》
等电视剧中的上千套服饰，日本、美国等地的戏迷和华人剧
团的戏装就是苏州制造的。

　　戏曲在现代人的生活中恐怕风光难再了，但戏曲所表演
的人生却永远不会过时，为人生包装的戏装，也将在记忆中
长久地温暖我们的身心。

　　也许正因为如此，2001 年，昆曲被联合国教科文组织列
入了"人类口头和非物质遗产代表作"，成为中国第一个获
此殊荣的项目。

苏绣名作《列宁像》
（任嘒閒）

## 绝色·绝唱

除了苏绣、宋锦、缂丝和戏装，苏州漫漫几千年的丝绸史中产生过多少种艺术形式，我们已经不甚了了。但肯定有一些或短或长的艺术生命，已被时光的长河湮灭。

其实，我们也不必为此感伤，只有最好的艺术才可能留存下来，否则我们的地球早就被垃圾活埋了。让时光淘汰那些垃圾艺术，正是我们人类的聪明才智所带来的幸运。

苏绣名作《红花》（任嘒閒）

苏绣名作《白雪》（任嘒閒）

苏绣名作《黄花》（任嘒閒）

明清的江南，尤其是在由大运河编织起来的苏杭，水路交通网的发达，直接带来了商业贸易的发达，形成了市民阶层，也带来了他们对城市生活方式的需求，"极摹人情世态之歧，备写悲欢离合之致"成了世俗文艺的自觉追求。

那时的苏州，山川秀逸，美女如云，商市繁喧，红尘四合，烟火相连，物产丰饶，服饰奢靡，歌舞流觞……表现着世俗生活的一切飞扬流动。

那时的苏州艺术也就乐于对各种世俗生活津津玩味，对衣食住行的享乐细节精益求精，在表面的奢靡堕落中，深深地蕴涵着对人生、对生命的强烈欲求和留恋，骨子里透露着"人生不满百，常怀千岁忧"的哀婉伤感之情。

因此，在苦短的此生此世，他们怎能不对昆曲、评弹那种种优美的唱段、唱腔心醉神动？怎能不对那袅袅轻烟般连

出场、退场也要化作"S"形的优美曲线情牵意连？而万千的人间声色也便在这水磨的长调中善解人意地迎合着他们的审美趣味，满足了他们把家国兴衰与人生悲欢融于一体的情感诉求。

你且听听这《牡丹亭》中的几段唱词：

［绕地游］
梦回莺啭，
乱煞年光遍，
人立小庭深院。
炷尽沉烟，
抛残绣线，
恁今春关情似去年？

苏绣名作《春回大地》
（局部）

一个男人和他的小徒弟在半明半暗的作坊里精心刺绣

缂丝机

缂丝作品

［步步娇］

袅晴丝吹来闲庭院，

摇漾春如线。

停半晌整花钿，

没揣菱花偷人半面，

迤逗的彩云偏。

我步香闺怎便把全身现？


［醉扶归］

你道翠生生出落的裙衫儿茜，

艳晶晶花簪八宝填，

可知我常一生儿爱好是天然？

恰三春好处无人见，

不提防沉鱼落雁鸟惊喧，

则怕的羞花闭月花愁颤。


［皂罗袍］

原来姹紫嫣红开遍，

似这般都付与断井颓垣，

良辰美景奈何天，

赏心乐事谁家院。

朝飞暮卷，

云霞翠轩，

雨丝风片，

烟波画船，

锦屏人忒看的这韶光贱。

［好姐姐］

遍青山啼红了杜鹃，

那荼蘼外烟丝醉软，

那牡丹虽好它春归怎占的先？

闲凝眄，

兀生生燕语明如剪，

听呖呖莺声溜的圆。

缂丝作品

苏州刺绣研究所复制的明万历皇帝的缂丝龙袍

缂丝十二章衮服出土时带有绢制标签"万历四十五年（公元1618年）……衮服"等字样，因此可以确定为目前所见的最早、最完整的十二章衮服。这件衮服是皇帝在祭天地、宗庙等大典时所穿的礼服。这件衮服，上衣下裳相连，里外三层，以黄色方目纱为里，缂丝为面，中间衬层以绢、纱、罗织物杂拼缝制，通体缂制而成。缂织的纹样以十二章和十二团龙为主体，用孔雀羽、赤圆金钱及其他色彩的绒纬缂织，以蓝、绿、黄等正色为主，配以间色，用色共达28种，是缂丝艺术性与实用性的完美结晶。

［尾声］

观之不足由他缱，

便赏遍了十二亭台是枉然，

倒不如兴尽回家闲过遣。

是不是唱尽了"良辰美景奈何天"的人生况味？

这种绵密而又忧伤的歌吟，穿透了长夜守望者的冷梦，即使一个人已经远离了它，到了寂寞的异地他乡，但在此后的岁月中，往昔那些缠绵而炽热的乡音，仍会时常萦回在他们的心头。

客观地说，产生在江南，产生在苏州的艺术，虽不乏美女貌，却少有丈夫气。

昆曲也好，评弹也罢，虽有变幻莫测、夜光走盘、回旋曲折的神妙，却少有沉雄刚正、气势浑厚的古风，多少流露出一丝冶艳扭捏之态；虽有"夜来风雨声，花落知多少"的轻媚，却少有"五更鼓角声悲壮，三峡星河影动摇"的沉郁；虽有"春水碧于天，画船听雨眠"的柔丽，却少有"无边落木萧萧下，不尽长江滚滚来"的悲壮。

显然，这是由繁华都市闲逸享乐和声色犬马的现实生活导致的。雄豪刚健、光芒耀眼的艺术气质，只能在北土大漠养育，而艳丽奢靡、曲水流觞的艺术情调则只合在温柔细暖的南方山水生成。

苏州刺绣博物馆馆藏龙袍

苏州戏曲博物馆

苏州戏曲博物馆古戏台

　　也可能这与当时的时代精神有关：在中国历史上，中晚唐和明清的时代精神已不在马上，而在闺房；已不在世间，而在心境。

　　纵观苏州历史流传下来的艺术形式，大多是民间艺术。

　　民间艺术是高扬着生命冲动的艺术，它们来源于自然界万千的生命意象，而自然又是变化万千、生生不息的。人们

希望通过对自然现象的理解与把握来预测自己的命运、指导自己的行为，这种对待自然生命的积极态度，正是民间艺术欣欣向荣、经久不衰的根本原因。

我们应该从这些民间艺术中寻找自己的文化踪影，在找到传统的同时发现创新的方向。发展一种传统的艺术，使它焕发出新的生命力，才是对这种传统的最好继承。社会越发展，文明越进步，我们就应该越能欣赏和对待这些放射着创造精神的艺术美。

被时光珍藏了千百年的苏州曲折幽深的水巷，如今仍在一如既往地接纳着我们，仿佛一位慈祥而高贵的祖母静静地呵护着我们的身影，吹送来一缕缕从丝绸里荡漾出的爱的气息，让我们获得了一丝新的生命，唤醒了我们冬眠已久的热血，使我们突然明白，原来我们是被大自然如此深沉地钟爱着。

被时光珍藏了千百年的苏州和所有古老的事物一样，浇灌着我们内心的花园，在我们的心田上升起往昔的星月，向我们讲述着祖先的童话，把一只满载着往事的船引向了更为广阔的世界，在大地的铺展中带给我们持久的安慰和温暖。

看戏

## 第　七　章

# 吴语依旧，丽影渐远

对于古老的苏州，找事做的织工们当年守候的
那些小桥已经苍老变形，每一层台阶似乎都在加深
着一层失落，仿佛在默默地呼唤着我们的灵魂向它
们的灵魂接近，找到一条回家的路，去抚摸一匹我
们还从未抚摸过的丝绸。

当时代的列车震荡着古老苏州岁月的砖瓦，当
怀旧的地图再也无法表达崭新的苏州已经变形了的
街区时，也许只有丝绸还能为我们保存些许生命的
文物、情感的遗产。

## 汉使西行，丝绸筑路

漫漫丝绸路

2004年8月13日，第28届奥运会回到了它的故乡雅典。当数百名希腊美女用蔚蓝色的丝绸荡漾起开幕式上爱琴海的波涛时，坐在贵宾席上的中国体育代表团团长袁伟民被深深感动了，望着眼前滚滚而来的丝绸的海浪，他也许想到了自己的家乡苏州，想到了遥远的丝绸之路。

公元前一世纪，汉使张骞受武帝派遣出使西域，开辟了日后举世闻名的丝绸之路。

**丝绸之路简图**

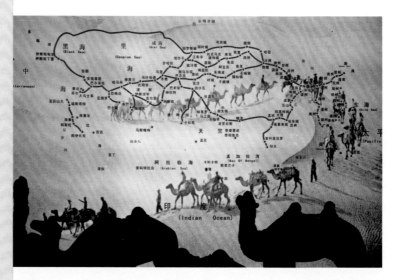

中国的蚕种也是从这条丝路传到了西方各国。始于公元六世纪，传到中亚细亚和外高加索各国、阿富汗、伊拉克、伊朗和土耳其，七世纪传到阿拉伯和埃及，八世纪传到西班牙，十三世纪传到意大利，十五世纪传到法国。

云南也是我国古代的蚕区。西南丝路途中的云南永昌，很早就有了蚕丝业。永昌至成都的大道，沿途极为繁华，永昌的土特产和成都的蜀锦源源流入中原，当然也是从永昌南流至国外的。

南海丝路最早起源于西南丝路永昌（今保山）以南的一段路线，即沿伊洛瓦底江至仰光入孟加拉湾，西去至印度，再由印度商人渡印度洋，或登陆进入中亚，或继续沿海前行至大秦（古罗马帝国）。

三国时，吴国与西方的罗马及南海诸国交往，南海各国的男子本来赤身裸体，因中国丝绸的输入，才开始倡导穿着织锦做成的筒裙。

丝绸之路东起长安，穿过茫茫四千多公里的中国西部草原、大漠出境，再行三千多公里，经南亚、中亚直达欧洲的地中海沿岸。

此后的一千年，从汉到唐，各国商贾来往于罗马与长安之间，为东西方的物产和民风架起了互通的桥梁，为中华文化、印度文化、波斯文化、阿拉伯文化和古希腊、古罗马文化勾连起一道相互交融而又异彩纷呈的彩虹。

中国历史上胸襟和版图同样博大的两个朝代——汉朝和唐朝由此屹立在东方，并用千年的风雨张扬起了两面最伟大的旗帜——开放和进取。

许多历史学家认为，汉和唐都自觉或不自觉地遵循着这样的信念：输出是最高明的纳贡，开放是最有效的防御，向外延伸的道路是最坚固的长城。

从 1900 年代开始，世界上许多地方都在流传着丝绸之路上的一个古老的传说：楼兰古城已经湮没的沙海中仍然掩埋着上千口古楼兰人棺材，一到夜晚，那里就有不同肤色的鬼魂出没。

一个世纪以后的 2003 年，新疆文物考古研究所在六十年前瑞典探险家斯文·赫定发现的"小河墓葬"里挖掘出了 29 具用生牛皮紧紧包裹的船形棺匣。打开其中一个棺匣，一位四千年前欧罗巴少女的面容生动欲活地出现在人们的面前。

那位西方少女，身披精致的羊毛斗篷，足蹬牛皮靴，随身携带的草编小篓里还装着麦粒。考古学家们推测，四千年前的罗布泊沿岸应是水草丰美的绿洲，生长在那里的"小河人"的农业和畜牧业已经相当发达。

明初，由国家组成的大规模远洋航队为海外贸易的主要形式。公元 1405—1433 年间，明王朝派遣郑和七次下西洋，东起琉球、菲律宾和马鲁古海，西至莫桑比克海峡和南非沿岸的广大地区。海外贸易的兴起，促进了苏州、杭州、漳州、潮州等地丝绸业的发展。郑和选取的出航地点有 20 多处，重要航线有 42 条，访问过的亚非国家有 30 余个，航程共计 10 万余里，并且每次航行都携带有大量的丝织作为有偿或无偿的礼物，其种类有湖丝、绸绢、缎疋、丝绵、纱锦等约四五十种。

新疆和田丝绸交易市场

丝路古城——敦煌

　　而在此前一年，即 2002 年，新疆考古所已经在古于阗国的中心丹丹乌里克发掘出土了一幅珍贵的壁画。壁画上有一位美丽的东方女子，她的眼角和唇边荡动着神秘微笑，因此被考古队员们形象地称为"东方的蒙娜丽莎"。

　　这两位少女的惊人存在是否在告诉我们，东西方文明的交融远比我们想象中的要丰富多彩得多？

　　然而，我们今天已经很难知道，人们来往穿梭了十个世纪的丝绸之路，究竟都发生过怎样波澜壮阔的历史，都上演了什么样的生命故事。即便是驼铃声中的那条雪山荒漠都流通过什么样的丝绸珍品，我们全无从知晓。

　　由于丝绸属于生物蛋白质的特殊属性，经过漫长的岁月侵蚀，今天出土的古丝绸都已失去了原有的光彩。因此，还古丝绸以本来的面目，就成了许多人长期以来的一个梦想。

可惜，古代的织机已经失传，远古的工艺也已经无案可考，真是梦想虽好，圆梦难矣。

但也正因为艰难，才会刺激那些不畏艰难的挑战者。在经过了大量的准备活动以后，苏州丝绸博物馆高级工程师钱小萍迎难而上了。

消息一经传出，有识之士纷纷伸出援手。1988 年，中国历史博物馆馆长王宏钧先生亲自护送一级文物——新疆出土的一双延年益寿大宜子孙锦袜来到苏州。钱小萍和她的攻关组立即动手，鉴别研究色泽、织法，分析织物的交织结构，复制古织机，复制古工艺，经过几个月的反复试验，一件可以乱真的"古绸"又在丝绸的故乡获得了新生。

如今，苏州丝绸博物馆的古丝绸复制已达到世界级水平。

迷信使丝绸之路上的商队不敢屠杀倒霉的骆驼；图片中右边这头被遗弃的骆驼尽管满身冰雪，没有一点力气站起来，但没人敢动它，只能听任它慢慢死去。

他们已先后完成商代素白绢、战国舞人动物纹锦、塔形纹锦、湖南马王堆出土的西汉红花鹿纹锦等多件丝绸文物的复制，挖掘并恢复了部分失传已久的古代工艺。

2004 年 7 月，当中国政府正通过世界遗产中心与日本及中亚各国进行磋商，准备将"陆上丝绸之路"与"海上丝绸之路"联合申报世界遗产的消息传到苏州丝绸博物馆时，钱小萍及她的同事们立即萌生了另一个雄心大志：复制出隋、唐、五代的丝绸代表作，然后直追宋、元、明、清，复制一条昔日的"丝绸之路"，再现一个民族往昔创造的辉煌。

## 海上敦煌

盛极一时的汉唐丝绸路，在唐末冷清了下来，到宋朝建立的时候已经被废弃。除了因为塔克拉玛干沙漠气候变干，绿洲锐减，以及阿拉伯人开始掌握养蚕和丝织技术外，最重要的原因是，在南中国海和印度洋上，出现了一条连接中国广州与中东巴格达的"海上丝绸之路"，当时叫"广州通海夷道"，它那长达五六十米巨船的运输能力是"沙漠之舟"骆驼所无法比肩的。

上个世纪八十年代，一艘宋代的巨大沉船在广东阳江海域被发现。

这艘被命名为"南海一号"的沉船，是迄今为止考古发现的年代最久远、保存最完整、文物储存最多的远洋货船。

经初步探明，整船装载文物约 5 万到 8 万件，相当于一个省级博物馆藏品的总量。从初步打捞出水的 4000 多件文物来看，多为价值连城的国家一级文物，有金、银、铜、铁等材质的器皿，尤以瓷器为多。这些瓷器来自当时国内几个主要瓷窑，品种达 30 多个，集中展示了宋瓷高超的工艺水平。

2004 年 5 月，美国科学院院士、著名海洋学家吴京看到"南海一号"出水的文物后惊叹不已，直呼"南海一号"将改写中华民族的海洋文化史。他说：

> "南海一号"最具价值的东西有两样，一是瓷器，二是古船。之前，这种船只在史书上有记载，人们尚未见到实物。"南海一号"古沉船是迄今为止走出史书，摆在世人面前的中国古代远洋货船文物。

而北京一位瓷器鉴定老专家在面对这些出水文物时，更是两手发抖，浑身冒汗，直感叹："搞了一辈子文物，从未见过这么多瓷类珍宝，连听都没听说过。"

如果说敦煌的壁画描绘了雄关漫道、驼铃声声的陆上丝绸路的千年传奇，那么，"南海一号"沉船则谱写了茫天沧海、帆影重重的海上丝绸路的千古绝唱，当之无愧地成为了一座"海上敦煌"。

正如联合国教科文组织所指出的，海上丝绸路不仅是贸易之路，它同时还是"对话之路"，是涵盖了海上交通、经济、政治、文化、历史、地理、科技、移民文化等丰富内容的东西方文明碰撞和交流之路。

那时的中国，以神秘的哲学思想、迷人的建筑形式和崇尚自然的艺术吸引了非洲、欧洲人艳羡的目光。

中国的茶叶、丝绸——主要是产自苏州及江南的丝绸——和瓷器源源不断地通过广州港输往欧洲各国，在为中国换回宝贵的硬通货白银的同时，还制造了欧洲的上流社会都以能消费"Made in China"为骄傲的时尚，就好像现在的中国白领"美眉"以能消费"Chanel""Dior"等世界名牌

唐代壁画中身着
丝绸服饰的红衣舞女

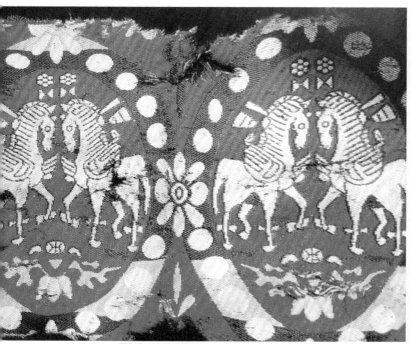

丝绸之路南道青海都兰古墓出土的丝织品——波斯文字锦（局部）（上面那行婆罗体钵文是公元八世纪波斯文字。据伊朗语言学者马坎济解读，饰文内容为："王中之王，伟大的、光荣的……"）

丝绸之路南道青海都兰古墓出土的丝织品——对马锦（局部）（为波斯人织造，是象征财富与荣耀的吉祥物）

为炫耀的资本一样。

新瑞典东印度公司总经理戈贝尔松就曾指出："当时瑞典的潮流是穿中国服饰，用瓷器吃饭、喝茶。"

要知道，瑞典东印度公司和它制造的"哥德堡号"远洋古帆船可是创造过中瑞远洋贸易传奇中的传奇：

为了加强和中国的贸易，瑞典东印度公司于1738年，花费了当时瑞典一年GDP15%的巨资建造了"哥德堡Ⅰ号"木帆船。从此，这艘世界上最大的远洋船频繁航行于瑞典和中国之间，将钢材和木材运到西班牙换成白银后，再到中国购买茶叶、瓷器和丝绸。

海上丝绸之路路线图

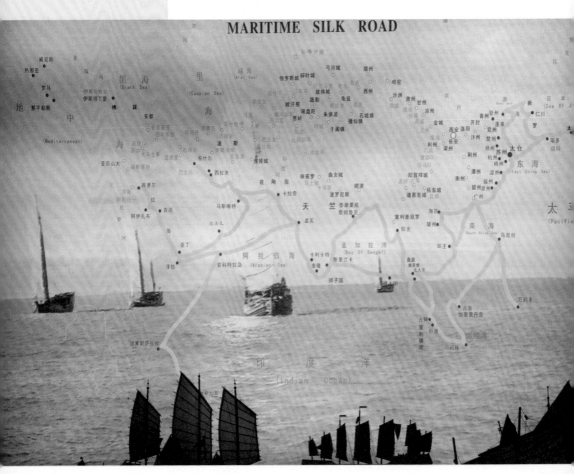

虽然每趟航行需要在茫茫大海上冒险一年半到两年的时间，虽然每次航行都有十分之一的水手死于疾病，但是这艘船上还是以普通船员难以想象的高收入吸引了大批瑞典青年拼命往船上挤。

"哥德堡号"六年中三次到达中国进行远洋贸易，将大量的中国茶、中国瓷和中国丝绸运回瑞典，使瑞典成为十八世纪食用中国茶、穿中国丝绸、用中国瓷最多的欧洲国家。不仅遥远的古斯塔夫国王的正餐餐具使用的是景德镇的青花瓷，就连今天的哥德堡的许多咖啡馆里也时常飘出龙井和茉莉花茶的香味。

1745 年 9 月 12 号，这艘船满载着近千吨的中国物品，包括 500 吨茶叶、100 吨瓷器、200 多吨丝绸，经过两年半的艰难航行，缓缓地驶向哥德堡港，当它旗帜般的桅杆划破湛蓝的地平线时，早已等候在码头上的上万名市民发出了热烈的欢呼。

然而，激动的市民没有想到，海平线上的那艘巨船上的 150 名水手已经剩下不到 20 人了。因为在南非他们遭遇了一场猛烈的热带风暴，为了保护船上的货物，30 名水手葬身大海。冲出风暴区后，热带病又在一周内夺走了 16 名水手的生命。而当幸存的船员终于看到故乡的码头时，他们连挥手的力气都没有了。

由于无人操舵，大船偏离了航线，触上了暗礁，倾覆在了离故乡的码头仅 900 米的大海深处。

后来，东印度公司又建造了"哥德堡Ⅱ号"船，不幸的是，"哥德堡Ⅱ号"在第一次从中国返回瑞典时，就在南非的桌湾遇险沉没了。

2004 年，为了纪念"哥德堡Ⅰ号"船在瑞中贸易史上的重要地位，一艘仿"哥德堡Ⅰ号"的古船"哥德堡Ⅲ号"在瑞典建成下水，当年 9 月 3 日，瑞典王后希尔维亚陛下在国王的陪同下，为这艘船主持了命名仪式。这艘船在做好航行中国的准备后，于 2005 年 10 月启程前往上海。

这艘仿古"哥德堡Ⅲ号"完全按照原船的外观和材料由人工打造：船体仍用橡木，滑轮仍用榆木，缆绳则用瑞典特有的麋鹿皮搓成。船上虽然配备了现代化设备——卫星定位仪、电子导航设备和发动机等，但都只作备用设施，整个航程仍然利用风帆作为动力。

这艘仿古"哥德堡Ⅲ号"历时 10 年打造，耗资 3000 万美元，船上除了配备船长、机轮长、大副等职业船员外，还配备了 60 名编外水手，其中 30 名为女性。

2005 年 8 月 13 日下午，瑞典首都斯德哥尔摩万里无云，海风荡漾，"哥德堡Ⅲ号"从试航海区缓缓驶进市中心的码头，参加正在为它举行的远航中国前的一个名叫"哥德堡号返家"的纪念活动。当二十多艘媒体的小船簇拥着它进入港湾时，港湾中所有的船只都拉响了汽笛。在汽笛和礼炮声中，中国歌手韦唯高唱着欢迎的歌曲，"哥德堡Ⅲ号"的甲板上则回应起水手们粗犷的歌声：

> 风帆扯动着理想
> 生命永远在大海游荡
> ……

五十天后的 2005 年 10 月 2 日下午，"哥德堡Ⅲ号"在十多万哥德堡市民的欢呼声中，正式鸣笛起航驶向中国。沿途它经过了西班牙加的斯、巴西累西腓、南非开普敦、澳大利亚佛里曼特尔和印度尼西亚的雅加达，在 2006 年 7 月抵达中国的广州、上海。

仿古木帆船——哥德堡Ⅲ号

在漫长的 9 个月的航行中，"哥德堡Ⅲ号"举行了一系列的纪念活动：到达西班牙加的斯时，将一百支玫瑰花撒向大海，纪念十位美丽的西班牙女郎。因为 260 年前，当"哥德堡Ⅰ号"疲惫不堪地抵达加的斯时，十位加的斯姑娘自告奋勇上船当义工，最后与"哥德堡号"一起遇难。到达南非开普敦时，船员乘小艇在开普敦外海巡游一圈，并将一面船旗覆盖在海面上为远逝的"哥德堡 I 号"海员举行海葬。因为 1745 年 3 月，从中国返回的哥德堡号船员在这里遭遇了疾病的袭击，三十多名水手被夺去生命，幸存的水手身体受到损坏，并直接导致了半年后"哥德堡号"在自己故乡港口附近的海难。

在十八世纪尚属"年轻"的美国也不示弱："哥德堡号"沉没十年后的 1780 年代，美国也建造了它的第一只商船——"中国女皇"号。美国人把首航的日子定在华盛顿的生日，从纽约港鸣枪起航，驶往中国广州。13 个月以后，当"中国女皇"号离开广州黄埔返回纽约时，它带回的 403000 磅茶叶、926 件中国服装、490 匹丝绸、42 匹南京棉布和 2790 磅肉桂赢得了纽约港口的一片狂欢。

……

令人遗憾的是，与欧美的国王不同，千年前的中国统治者不仅对海路没有什么兴趣，而且对所有向外开放的道路都没有什么好感。

宋明两代，虽然中国的航海技术在不断发展，却没有一支由国家直接组织的远洋船队。当时的中国统治者把所有的聪明才智和国库储存都用在了组织超大规模工程，比如修补长城、开凿大运河和兴建陵墓上了。

当时的中国帝王甚至都不如西方的传教士们有远见，因为连传教士们都知道通过丝绸之路带回一个灿烂的中国，并以此来促使自己的国家进行改革。比如耶稣会，他们本来是以维护宗教神权、效忠罗马朝廷为己任的，但他们却一手塑造出了一个文明发达的中国形象，以此来否定自己国家的旧秩序，从而成功地进行了文艺复兴。

当然也有例外。在那么漫长的中国封建史上，唯一的例
外还是出现了，明朝的三宝太监郑和在 1405 至 1433 年间居
然扬帆远航七下西洋。

## 大海对郑和的诱惑

不知是大海的哪一涌波涛挑起了一个中国皇帝的古怪的
梦想，也不知是大海的哪一朵浪花逗醒了一个朝廷宦官麻木
的神经。反正作为那个一时心血来潮的明皇帝的象征和符号，
著名的三宝太监郑和从六百年前的 1405 年 8 月 8 日开始，
带领一支在当时可称无与伦比的巨大舰队，一次次从苏州附
近的太仓刘家港出发，病态而狂热地跑到了西亚甚至非洲的
许多遥远的地方，而且在短短的二十八年间竟一口气去了七
次，直至那个移情别恋的皇帝将他抛弃在遗忘的深渊。当他

再也无法亲近大海的波涛，甚至连大海的一抹蔚蓝也弃他而去时，他才难以瞑目地死在了临幸四海的幻梦中。

之所以说郑和的行为带有病态而狂热的冲动，是因为他的远航背离了人类航海最正常、也是最根本的目的。与他的后来者哥伦布、麦哲伦的寻找新大陆、开辟殖民地不同，他是不知海阔天高，竟然盲目地要为一个井底之蛙的皇帝去四海表演一个荒诞不经的皇恩浩荡。

不错，他的行为在客观上是一个壮举，而且还是一个让欧洲感到后怕的壮举。因为他第一次下西洋比哥伦布到达美洲早了整整87年。而且他的船队竟有200艘船、2万多人，船只最大载重甚至超过了1000吨，而哥伦布、麦哲伦的船队只有三四艘船，船只最大载重量只有120吨。

这些事实让很多后世的中国人浮想联翩：当时的中国可以轻而易举地获得全世界的制海权，甚至可以独占南北美洲，这样的话，将没有"日不落"的英国，将没有美国……

然而，让西方人感到中国在十五世纪放弃制海权的"千年之谜"，其实并没不是谜，郑和下西洋，不过是永乐皇帝的一场虚荣秀。永乐皇帝真正想做的不是到海外去谋求发展，而是要把国都从通江达海的南京迁到内陆的北京，并重修长城，把自己深深地藏起来。

如此，发明了火药和指南针这两样最适合航海的用品的中国，终于在十九世纪被利用了这两样利器的洋人的坚船利炮所征服。直到慈禧太后时的李鸿章手里，才又拾起了国人称霸海洋的梦想。

遗憾的是，李鸿章又惨败了。而李鸿章的惨败，才真正值得人们扼腕叹息，深刻反省。因为他切切实实为我们撩开了封建统治的一角铁幕，让我们看到了遥远天际那无边的蔚蓝色希望。虽然李鸿章失败了，但被他掀去的那角铁幕，从此再也补不上了。

## 苏杭：不一样的天堂

　　苏州有一座丝绸博物馆，就叫苏州丝绸博物馆。当初苏州人在决定建造这座博物馆时曾希望用中国丝绸博物馆来命名。但在上报过程中被有关部门驳回，理由是，对于一个地级城市的博物馆，冠以"中国"的前缀似乎不太合适。于是苏州人退缩了，改用了现在这个无可争议但却小气得多的名字。

　　这个消息一传到杭州，杭州人立即又以"中国丝绸博物

外国友人在研究中国丝绸工艺

外国友人在参观中国丝绸服饰

"馆"的名称向同样的有关部门申报。杭州人不是不知道自己的城市级别其实也不比苏州高到哪里去，但他们具备的就是这种知难而进的胆识。他们当然也遇到了困难，但他们就乐于在困难中表现自己绝不退缩的勇气。

最终的结果是：中国丝绸博物馆矗立在了杭州的西子湖畔。

从明清时杭州织造根本无法望苏州织造的项背，到如今中国丝绸博物馆与苏州擦肩而过花落杭州，这其中隐含的沧桑巨变够意味深长了吧？

通过这件事，我们在津津乐道于"养育苏州的是水，装扮苏州的就是丝绸"这句话的同时，是不是应该再往更深处想一想呢？其实苏州是不是更看中丝绸的美、丝绸的装饰功能，而杭州则更看中丝绸里蕴涵的财富、丝绸的经济价值呢？

通过这件事，我们是不是也应该觉察出苏、杭两地性格的不同之处呢？这或许就是同为丝光荡漾的苏杭，苏绣这种精美的艺术只可能出现在苏州，而没有出现在杭州的原因；或许也就是今天全国最大的丝绸服装市场出现在杭州的四季青，而没有出现在苏州观前街的原因。

　　浙江人勇猛进取、敢冒风险、勇于创新在全国是出了名

丰子恺漫画《苏州人》

苏州桃花坞年画《一团和气》

的，而苏州人贪图享乐、小富即安、惧怕变革也为国人所熟知。

想当年，越王勾践卧薪尝胆，而吴王夫差却是沉溺声色；越王胸怀大志、锐利进取，而吴王却是自甘堕落、贪图享乐；越王崇尚不达目的绝不罢休，即使身临险境，也要勇闯雷池，吴王满足得过且过，哪怕强敌尚远，也会退步抽身；越王高瞻远瞩，一切为了国家民族利益，吴王鼠目寸光，爱美人不爱江山。

想当年，西施以一己之美成全民族、国家大业；柳如是却倾一身之媚满足个人情感；西施牺牲小爱，赢得大爱，赢得一个民族、一个国家的爱；柳如是却迷恋小爱，放弃大节，抱残守缺，遗恨人间；西施像一炬燃尽的红烛，赢得了一个

满身沧桑的虎丘塔

民族与国家的敬重，使自己的美升华成了一种崇高的人格；柳如是却似一盏被风吹打的油灯，换来了油尽灯灭的必然命运，把自己凄美的心灵带进了无边的黑暗；西施是春蚕到死丝方尽，柳如是是蜡炬成灰泪始干。

难怪人们要用"小家碧玉"和"大家闺秀"把苏杭女子区别开来。这是由这两座城市小大不同的气象决定的。苏州女人不乏温婉精明、愁肠百结的风韵，却缺少杭州女子华贵大气、风情万种的身手。所以在苏州只会产生后花园里偷偷摸摸私订终身的秋香，而不会出现纵剑江湖为爱行侠的白娘子。

都说女人是水做的骨肉，但同样是水也有气势和高下之分：苏州当然不缺水，但苏州的水是被人类驯服了的小桥流水。杭州的水虽然没有苏州多，却是充满野性的大江大湖。苏州除了离它还有些距离的太湖，其他有水的地方都缺少了山的相伴。而在杭州，凡有水处必依名山，那湖绝色秀水之所以著名，正是因为被怀抱她的群山的灵气所不断充盈，才激活出了阴阳互动的至美境界，才亮丽成了南中国最美的眼睛。

由此看来，上苍虽然把过量的残汤剩水洒在了苏州，却没有把水美的极致——点睛之水——西湖恩赐给苏州。古人词云："水是眼波横，山是眉峰聚。"说得多好！水是眼睛，山是眉毛。缺少了眉毛的苏州，任是眼睛多么明媚，恐怕也算不得真正的美人。由于山的缺席，苏州充其量也就是一位平胸的美女。

可能正因为如此，古代那些深谙阴阳哲学的造园家才要在苏州园林的每一泓池水畔堆叠出一峰峰风姿绰约的假山。可惜的是，谁也没有能力为整个苏州城池营造出与之匹配的巨大山体，钟灵毓秀的苏州也因此遗憾地未能抵达如同杭州、桂林那样的山水相依的完美境界。

难道真的是外来的和尚会念经？地地道道的威尼斯人马可·波罗虽然极为节制地赞美过自称为"东方威尼斯"的苏州，但一到杭州后就忍不住惊呼——天堂般的城市！并在他的著作中宣称"杭州是世界上最高贵的城市，是中国奢侈享乐和爱情之都的罗马城"。

写到这里，我还想到了另外一个绝非偶然的现象，那就是现代以来，江苏为什么没有像浙江那样，养育出鲁迅和茅盾这样的大思想家、大作家。我想，一片能够孕育大思想家和大作家的土地一定要具备兼收并蓄的丰厚底蕴和海纳百川所激活的创造力。反过来，一方水土也只有得益于大思想家和大作家的光芒照耀，才更能显出自身的勃勃生机。而一旦缺席了这种光芒的照耀，苍白黯淡的土地上只会产生些许小白脸式的附庸风雅的文人，像几只井底之蛙般沾沾自喜地追逐着平庸的小玩意、小花头。

我以为，当代苏州急需创造的正是这种产生大师并接受大师惠泽的良性循环的创新土壤和人文氛围。

其实苏杭、吴越相距不过百里，同为太湖水系养育，文化本也同根同祖，为什么会产生如此不同的人文性格？这可能与吴越春秋时两国当时所处的截然不同的形势有关，越国灭亡后的复仇心态能够凝聚成一股强大而坚不可摧的向心力，终于形成摧枯拉朽的征服力量。而吴国取得霸主地位后，很容易产生懈怠，沉溺于一种妄自尊大的放松，因而很自然就失去了继续进取的雄心。

后来则是因为南宋朝廷迁都杭州，这不仅给杭州这个温柔之乡带来了皇家气象，而且也给这座城市注入了北人强悍的性格和坚忍不拔的意志。

当时南宋国破家亡的处境和励志复仇的心态与吴越春秋

时越人的状况极为相似，内因和外因一拍即合，那条桀骜不驯的钱塘江水自然就唤醒了越人血液里不屈不挠、奋死拼搏的民族个性。

而处于太湖之滨的苏州，自古以来就受到太湖的特别钟爱，一直在丰富的物质基础上过着衣食无忧的享乐生活。除了近代的太平天国运动，历史上几乎没有受到过什么重创。

这就养成了苏州人重土难迁，安于平庸，不愿进取，惧怕冒险，保守自恋，怠于创新的地域性格。

苏州使每一个生于斯、长于斯的人都带有天生的优越感，丰富的物质条件也使他们洇染上了知足的惰性，减弱了创新、变化的生命冲动，不自觉地皈依到了一种过时的情调和保守的生活方式中。

令人扼腕的是，时至今日，凭借着如诗如画的自然环境，苏州人仍沉溺在由自恋营造的附庸风雅的情调中，以一种高傲的姿态面对外乡人和外面的世界（当然上海和日本及欧美除外）；凭借着丰富的物产和较为发达的经济，苏州人仍沉静在由自足滋生的惰性中，以一种自我加冕的优越感对抗着飞速发展的世界；凭借着一方风花雪月的水土，苏州人仍安心在由自满建构起来的小家园中，以一方狭小封闭的视野解读着阔大开放的人生。

明白了这一点，也就不难理解，为什么明清苏州对海内外贸易的辉煌战绩，其实是由以徽商为主力军来构想完成的。

这一切恰与杭州人开拓创新的冲动性格形成了极大的反差。

本书第二章中说到的浙江南浔人沈万三在苏州经商富甲天下的传奇人生，他精通商贸可又不识政治，却有着一般商人尤其是苏州商人想都不敢想的野心。声名显赫的沈万三，虽然在今天人们的记忆里只剩下一道名菜、一种美味——周

清明自爱的苏州民居

朦胧魅惑的杭州西湖

庄的万三蹄（相传那种特制的卤猪蹄是当年沈万三请客的当家菜），但他和当今浙商，尤其温州商人的勇猛精神是一脉相承的。

当苏州仍在满足于世界工厂带来的泡沫繁荣时，浙江人已经在召开"世界温州人大会"，早已在全中国甚至世界各地（也包括苏州）攻城略地，创造了"温州以外还有一个温州；温州经济以外，还有一个温州经济"的奇迹。

同样是丝绸，杭州人的态度是实用的，一切为我所用，完全是商业与经济的目的，四季青商场的丝绸品知名度要远远超过苏州丝绸品的知名度，许多游客甚至不知道苏州也产丝绸，而到了杭州却是一定要带回一些丝绸制品的。

对于丝绸，杭州选择的是大工业的批量生产和经济价值；而在苏州，由于苏州人精致甚至有些懦弱的性格，他们更看中丝绸的诗意，喜欢手工制品的艺术性和其散发出来的人文气息。因而，丝绸终于在苏州，也只可能在苏州这样的地方形成艺术，如缂丝、宋锦、刺绣等等，最为典型的是一直延续至今的苏绣，它几乎成了丝绸在当今苏州唯一的亮点。

苏州成为明清江南第一商贸重镇以后，随着水路交通的衰落，以及国际商贸大都市上海的崛起，渐渐变成一个消费的城市，失去了商业中心和贸易中心的地位。加上信息时代的到来，单纯的地理优势已越来越式微。一个自恋、保守、惧怕开放、缺乏创新的性格必将导致越来越明显的劣势。

今天苏州经济的发展，其实是依赖了制造业，即人们所说的世界工厂的性质，而已不再是商业与贸易的发达。这一点也同样反映在艺术上，几乎所有的传统艺术和手艺都正在随同它们所创造的那种往昔的生活方式一同消失，苏州的丝绸，包括她所派生出来的生活方式也不例外。

这就是我要说的吴语依旧，但由丝绸包裹起来的千年丽影已经渐行渐远，几近消逝了。

不信你到苏州的大街上去看一看，已经见不到身着丝绸服饰的女性了，扑入眼帘的全是与世界同步的时尚衣着，即便深入古老的小巷深处，这里的流水、小桥依旧，姑苏人家依然，妙龄女子也可能仍旧操着一腔吴侬软语，但那旗袍，再退一步，那丝绸的丽影，却是万难觅得了。

在千古不变的神秘夜晚和失控夜色中，如今的女性们只探索着解开衣服的方式，而不在乎衣物的质地；男人们只顾清点金钱，而不关注爱情的细节。如今的婚床，也只下载血淋淋的交换，而不存盘情感的经历；只想录入肉体的享受，而不刷新爱的氛围。当然，就更没有人会想到去点击一下爱情的本质与真谛了。

我们已无法挽回一个时代的远去，也无法留住那个曾经闪烁过的美丽光影。我们所能做的也许就是守住对她们的记忆，深刻反思，而不是否定一切地面对未来，然后带着我们曾经创造的灿烂文化，健康而稳健地走进另一个时代。

如果一种古老的文化不再给生活在其中的人带来幸福感，那我们就应该认真地想一想，到底是这种文化本身应该死亡，还是我们对待这种文化的态度出了问题。

也许还会有一天，当梅雨在夜深人静时清扫着我们的屋顶时，会有一位逝去已久的故人，突然走回家门，抖落丝绸上一身闪亮的雨丝，重新加入我们的生活，并带回那些我们已经丢失了的岁月，用我们记忆中的某个美丽的面庞，来惊醒我们沉睡的心。

## 应信东风舫唤回

法国导演里蒂·潘有一部获得了多项国际大奖的纪录片《柬埔寨：游魂之地》，记录的是 1999 年铺设东南亚光纤电缆的工程。这条由国际资本启动的"信息高速公路"，从柬埔寨经泰国的一侧横切到越南，一直联结起沿丝绸之路修建的中国—欧洲通讯网络，牵动全球经济。

影片中那些修建光缆的柬埔寨农民置身在那片几个世纪来都不曾改变的土地上，迷茫地看着身边同时出现的古老的耕地水牛和正用高科技铺设光缆的国外技术人员。他们不知道，通过这条光缆会有数量惊人的信息传输到世界各地。他们更难以想象，得到这一崭新的技术会给他们世世代代的传统生活带来怎样的变化，他们未来的希望究竟何在。

对于他们来说，需要他们出苦力的某一段工程终将结束，他们只能依依不舍地望着光缆渐行渐远，祈望着自己的生活状况会因此好一些。

这让我想起了世纪之交的近二十年来，苏州渐渐变成世界工厂的现状：大片柳绿稻黄的织锦般的江南沃土变成了表情森严的厂房；湖河港汊的江南水乡被填堵成了勾连在一起的开发区。

有一份统计报告称，2003 年，苏州 GDP 增长 18%，而粮食产量下降了 23%，油料作物产量下降 20%，蚕茧产量下降了 40%。

今天的苏州人如果仍要向别处的人夸耀自己身处天堂的话，就有点像一个韶光已逝的妇人不识时务地唠叨昨日的风华。当然，这多少会让人心生同情，因为人们难以想象天堂会是一间大工厂。

而古人所理解的"天堂"远比我们今天所意识到的含义丰富。它不仅仅是指那里的大自然"物华天宝"，生活在其中的人"安居乐业"，它还要符合中国人的风水理念："天堂"还必须是风水宝地，是人与自然和谐相依的神奇地方。但在今天，为了经济的高速增长，为了加快所谓的现代化进程，人们不惜把天空染黑，把空气搞臭，甚至向太湖及其水网中排放工业污水，使那里的许多淡水鱼种群迅速灭绝。一直号称"水天堂"的苏州如今只能用被污染过的河水灌溉农田，城区里水系早已停止了流动，大多变成了发黑发臭的劣质水。

不错，如今的苏州，工业化水平确实提高得很快。但是这种提高却是以人们不断加快的生活节奏、不断增加的生存压力和不断失去的幸福感作为代价的。如果人们连生活在天堂中也感觉不到多少幸福了，那天堂还是我们原先向往的那个天堂吗？

据说，过去稍微有点钱的苏州人的生活是这样的：春天的早晨，吃上一碗卤鸭面，中午吃昂剌鱼豆腐汤，晚上则吃清淡的河虾和太湖银鱼羹汤；夏天，苏州人讲究"败火"，正值大小湖泊中的八种水生植物（俗称"水八鲜"）上市；秋天，鲜美的大闸蟹出水，家家户户都会买上一些，备齐姜醋，细细品尝；而到了冬天，苏州人则悠闲地躲在家中喝黄酒，吃鱼鲞烧肉，入夜再去泡澡、听评弹……

原来是这种生活场景造就了苏州人活在天堂中的感觉！你看看繁体字苏州的"蘇"字，男耕女织在充满鱼（魚）米（禾）和花草的温馨土地上，这才是这方鱼米之乡最为生动传神的象征。而简体的"苏"字则变成了草屋顶下的一间办公室，真是一个绝妙的讽刺啊。

但不管怎么说，在中国对外贸易史上，瓷器、茶叶和丝绸毕竟为我们创造过银光闪闪的辉煌。瓷器易碎，茶叶易腐，只有丝绸最易长途运输，因而成了最大的贸易商品，换回了滚滚的白银。

而在那场丝兑银的商战中扮演过重要角色的苏州，毕竟在几百年前就有过海纳百川的胸怀：

> 已出天地外，狂澜尚而高。
> 蛮商识吴路，岁入几千艘。
>
> ——明《至元嘉禾志·苏州洋》

就连苏州名妓董小宛也不仅仅钟情于丝绸，她还同样迷恋由丝绸之路带回来的西方纺织面料。据她的夫君冒辟疆在《影梅庵忆语》中的记载，她曾如获至宝地把一块西洋布料裁成红袄穿在身上，自我感觉比陈后主的宠妃张丽华还要美。

虽然新的纺织材料已经随着现代工业的强大生产能力潮水般地侵吞了古老的丝绵市场，但还没有从根本上动摇中国人的生活方式和亲近自然的天性，苏州的百姓也还仍然被鱼米之乡的温暖余晖照耀着，苏州女性还仍然在水影丝光的荣华中闪烁着诗意的年华。

不错，古老的丝绸，连同它那古老的纺织和印染技术，确实正在被现代工业所摧毁，但由它所创造的生活方式还在以顽强的魅力存活在人们的情感中，还在左右着人们的风俗习惯和审美见解。

于是，我们也就不难理解，在江南水乡织锦般的土地上，苏州人为什么要刺绣出了一片崭新的苏州工业园区；苏州刺绣研究所为什么要将诺贝尔奖获得者李政道博士的《金核子对撞图》搬上苏绣，把古老的银针与当代最尖端的物理学串联在一起；苏州镇湖的姚建萍和另外十八位绣娘为什么要花费200多个日夜完成《爱我中华》的巨型绣品，并把它送上卫星，让我国56个民族的112位青年男女以苏绣的形象在太空中绕地球飞行了286圈；苏州政府为什么每年都要举办一届国际丝绸节……虽然时光已经演进到了二十一世纪的今天——所谓的全球化时代。

是的，丝绸当之无愧地成为了苏州最光彩夺目的记忆。因为，它曾经那么真实地照亮过这个城邦千年的历史，那么亲切地把这个城邦无数芸芸众生平凡而黯淡的人生装扮得容光焕发。

也许正是依赖于与丝绸这种生灵的长久亲密相伴，苏州的地位才一直如此重要，以至于地球人要把它作为世界名片之一，向遥远的太空发散：1977年，美国人将飞行器"旅行者"送上太空。旅行者携带了一张镀金的十二英寸的 VCD 光盘，上面刻录了 115 张图片，海浪、雷鸣、鸟叫、虎啸等各种大自然的声音，还有人类用 66 种语言向外星人问候的录音，其中最后一缕声音，就是中国苏州的方言——吴侬软语。

上海黄浦江上总是挤满来来往往的船舶，让人感到这个城市蕴藏着巨大的发展潜力

## 情丝绵绵无绝期

　　一百多年前，苏州把江南第一大都会的地位"让给"了距今只有两百多年历史的上海，除了苏州的名气从来就比它的城市大的客观原因外，为什么是在历史短暂的上海，而不是在源远流长的苏州形成现代都市却应该引起苏州的反思。

　　我想，恐怕不仅仅是因为苏州古代发达的水路在现代日渐没落，失去开放性才是最根本的原因。因为开放性才是一个城市现代性的最根本标志。也许，就在苏州人还沉醉在欸乃桨声的诗意中时，上海的官员已经竖起耳朵倾听现代蒸汽机马达的轰鸣了。我以为，这才是自从上海崛起后，苏州仿佛注定要成为一封过时情书的根本原因。

而开放性恰恰又建立在丰厚的文化背景上，这似乎是个悖论，但事实就是这样：脱离文化的开放是一种没有灵魂的开放，经济和文化发展的一体化才是一个城市根本的实力所在。

对于古老的苏州，找事做的织工们当年守候的那些小桥已经苍老变形，每一层台阶似乎都在加深着一层失落，仿佛在默默地呼唤着我们的灵魂向它们的灵魂接近，找到一条回家的路，去缠绵一匹我们还从未与之缠绵过的丝绸。

但是，水影丝光的江南风景却一刻也不曾失真，我们的

中国新加坡苏州工业园区

情感与伤痛也依然和古人相同。

就像那些守候着干涸的河床，相思着船只，眺望着远方大河的老桥一样，崭新的苏州也像罗盘寻找磁极一般，一刻不停地寻觅着古老染坊的炊烟和夜晚大地的织机声，因为丝绸不仅仅是一种自然的美，更是一种生命的美，一种文明的美。

当时代的列车震荡着古老苏州岁月砖瓦，当怀旧的地图再也无法表达崭新的苏州已经变形了的街区时，也许只有丝绸还能为我们保存些许生命的文物和情感的遗产。

就像苏州织造署里那座瑞云峰的传奇：

瑞云峰，北宋末年采自太湖鼋山。本来要去开封装饰皇家园林，可是正在太湖上运输时，负责押解的官员朱勔出了事，被充军，巨大的底座就掉入了太湖中。

直到明代初年，浙江南浔的大户人家董汾从民间重金觅回瑞云峰，作为远嫁苏州的女儿的嫁妆。奇怪的是，它在运送苏州途径太湖时也被风浪打翻。当董汾组织人员入湖打捞时，更奇怪的事情发生了：他们不仅打捞出了瑞云峰，而且还把宋朝时落入湖底的底座也一同打捞了上来。

后来这峰太湖石连同它的底座就被移进了苏州织造署——乾隆的行宫里。

瑞云峰的传奇经历也许就是一个象征，暗示着丝绸创造的光辉一定还会重返苏州。

苏州是亿万年的海水淤积、几十个世纪的农耕桑织提炼出的一片土地的精华，它那多彩的沃土是为一代代身着丝绸的处女所印染，至今还擦不去胎记般的难懂方言。

这种方言虽然不宜直播足球，但却暗合情歌的旋律；这里的南方脸庞虽然不宜装扮武器，但却精通表演爱情；这里人的掌形虽然不宜弯弓射雕，但却擅长缂丝刺绣；这片家园虽然不接受粗暴的开发，但却愿意为海风敞开胸怀。

如今，这片土地涌动在新时代的地平线上，正在进行脱胎换骨的淬炼，但愿它能够成为孕育新文明的胎盘，早日让新生儿从它那丰饶的胎盘上坚强有力地崛起，去刷新出一片更加辉煌灿烂的前景。

也许这片曾经用精明、利润的秘密书写过辉煌历史的土地，故意也将自己的历史隐藏出一段段空白，有意让后来者去完成那些蕴涵奇迹的完形填空，让他们自己去寻找新起点上的那盏灯火。

# ◆ 再版后记 ◆

　　相信不少人会和我一样，在乘车经过京沪线，远远地眺见虎丘斜塔时，都能想到"上有天堂，下有苏杭"这句流传了千年的谚语，并生出或多或少的向往之情。

　　从古至今，像苏州这样，名气和地位能够远远超越建制级别和空间大小的城市确实不多。

　　很早的时候，我就曾梦见过她的城池水墨画般漂浮在一望无际的江南春水之上，它的居民在蛛网般错综盘结的水道上过着人间难觅的诗意生活。

　　直到十年前，当我从青藏高原来到江南水乡，真实地踏上了这片被叫做姑苏的土地时，我的梦境便开始被修正：那些人工开凿的、直线的河流没有蛛网状的那般神奇了；而那片我想象的水墨画似的古城也已经受到了肢解和篡改，补丁般漂泊在一匹新织造的混合材料上，仿佛是被沧桑岁月竭力挽留着的一个伤感的象征。

　　渐渐地，苏州也在我的面前褪去了它那神秘的面纱，我多少有些惋惜地发现，它在时光长河中创造的那么多光彩夺目的精神财富——曾经为无数古人制造了快乐和自豪的精神财富，已经越来越难给当代人的生活带来幸福感了。

　　我试图弄清隐藏其中的原因。毫无疑问，苏州创造过辉煌灿烂的古代文明，因为它曾经是南中国的经济和文化中心。

然而到了近代，尤其是在上海、广州这样的南方大都市崛起之后，它就逐渐漂移出了人们的视野，退却至主流文化的边缘地带，愈行愈远地变成了文化中心的远方。大概从那时起，苏州就失去了再次创造引领时代文化的机会了。

这本来也是一件自然而正常的事情，但让我非常感动的是，今天的苏州人仍然深深地爱恋着自己的传统文化，在无法回避当代北京、上海、深圳这些文化中心正在创造的现代文明的同时，掩饰着内心深处的失落和迷茫，并心有不甘地企图将灿烂的过去刷新出当代的辉煌，甚或听任于错觉对真相的涂改。遗憾的是，这样的心态，往往会导致对自身传统价值的误判。

不错，苏州确曾是一位身躯矮小的文化巨人，但是到了今天，她的文化水准已经下降到与其身躯相当的高度，确实已经走下巨人的神坛，回复成了一个常人。这虽然令人感伤，却难以回避。而我以为，处于这种情况下的正常心态应该是：在加倍珍惜我们拥有的文化遗产的同时，更重要的是要努力使这些文化遗产能够持续地滋养和温暖我们的平常生活。因为一座具有精神高度的城市不仅要为人们提供良好的生活和就业空间，更要为人们提供创造的空间、精神需求的空间和人生梦想的空间。

这本小书曾于二〇〇五年由辽宁人民出版社出版发行，没想到在一个崇尚快餐文化的时代，八年后它竟然还有机会修订再版。所以我要特别感谢刘海女士，正是她的不懈努力，才使得我有可能把个人的声音传播得更广。

说到这本小书，读者朋友一定发现了其中的那些图片为拙作增添了光彩。

为此，我要感谢摄影师于祥先生的倾情合作。为此，我要感谢中国丝绸文化旅游景区叶义先生、苏州地方志办公室徐刚毅老师，研究盛泽历史的周德华老师，因为他们慷慨地允许我翻拍了他们收藏的许多珍贵的老照片。为此，我还要感谢我们单位的鲍建国、邹小青、俞永明、陆成明和杭州《丝绸》杂志主编宣友木先生，因为我还使用了他们拍摄的照片来为我的拙作增色。

另外，我还要感谢同样未曾谋面的羊羽、王秀芳先生，因为我在写作过程中参阅了他们《苏州丝绸生产的发展》一文中的部分史料。

宋执群

2013 年 11 月 19 日于苏州